高等院校艺术设计类专业
案例式规划教材

3ds Max 计算机
辅助设计实战

■ 主 编 王 锐 朱永杰
■ 副主编 兰兴武 曲旭东

U0370270

ART DESIGN

华中科技大学出版社
http://www.hustp.com

内 容 提 要

　　本书通过对3ds Max软件操作命令的讲解及典型案例的演示，达到教授和指导的目的。本书分为软件基础、建模功能、家居空间建模案例、材质介绍与家居空间材质案例、灯光基础与家居空间布光案例、商业空间案例六个部分。针对3ds Max软件教学的抽象性、复杂性以及入门难等特点，将基础介绍与案例实战相结合，同时配合教学视频进行讲解，使学习者在提高学习兴趣与专业技能的同时，将设计构思融入软件表现之中，起到提升3ds Max效果图制作能力的作用。

图书在版编目（CIP）数据

3ds Max计算机辅助设计实战 / 王锐, 朱永杰主编.— 武汉：华中科技大学出版社, 2018.1

高等院校艺术设计类专业案例式规划教材

ISBN 978-7-5680-2663-5

Ⅰ. ①3… Ⅱ. ①王… ②朱… Ⅲ. ①三维动画软件－高等学校－教材 Ⅳ. ①TP391.414

中国版本图书馆CIP数据核字（2017）第068093号

3ds Max 计算机辅助设计实战
3ds Max Jisuanji Fuzhu Sheji Shizhan　　　　　　　　　　　　王　锐　　朱永杰　　主编

策划编辑：金　　紫

责任编辑：周永华

封面设计：原色设计

责任校对：曾　　婷

责任监印：朱　　玢

出版发行：华中科技大学出版社（中国·武汉）　　　　电话：（027）81321913
　　　　　武汉市东湖新技术开发区华工科技园　　　　邮编：430223

录　　排：湖北振发工商印业有限公司

印　　刷：湖北新华印务有限公司

开　　本：880mm×1194mm　1/16

印　　张：9.5

字　　数：205千字

版　　次：2018 年 1 月第 1 版第 1 次印刷

定　　价：68.00元

前言
Preface

　　自1996年第一版3ds Max软件面世至今，3ds Max的发展已经历了20多个年头，并因其兼容性强、操作相对简单、建模功能强大等特点，奠定了其在设计专业效果图表现软件中的主流地位。

　　然而3ds Max软件并不容易上手，很多学习者在适应性上出现了问题。究其原因，主要集中在以下几个方面：①学习者对平面绘画练习较多，导致三维空间概念薄弱；②对软件的学习不能形成完整的知识系统；③ 3ds Max软件的前期学习较为枯燥，导致学习者失去兴趣；④学习过程中不针对专业特点，钻研了很多使用率不高的软件功能；⑤脱离专业实践，单纯学习软件功能，不能完成设计实务。

　　本书对3ds Max软件的主要功能做了深入浅出的讲解，在保持学生学习兴趣的同时，开启了3ds Max软件的学习之路。本书具有以下几个特点：①附有视频教学内容，提高教学质量；②实践性强，操作和案例结合紧密；③对设计实务中常用的命令重点讲解，提高学生设计实践能力；④讲解基础命令的同时，将设计常识融入教学当中。

　　本书分为6章，第1章和第2章为3ds Max的基础部分，讲解了设计软件的基础知识、建模功能等内容；第3章至第5章通过一个家居空间效果图案例，将基础软件功能与案例教学相结合，讲解了建模、材质、灯光在实际操作中的应用情况。第6章通过一个制作餐厅的实例，讲解了在设计中系统使用软件功能的技巧。本书具体编写任务分工如下：王锐编写第1章、第2章、第4章4.3节、第6章，朱永杰编写第3章、第4章4.1节与4.2节，兰兴武、曲旭东编写第5章。

　　由于编者对 3ds Max 软件的研究和学习尚有欠缺，编写中难免存在遗漏与不足之处，希望各位批评指正，以求推动3ds Max 课程教学的发展。

编者

2017年5月

资源配套说明

Instructions of Supporting Resources

　　目前，身处信息化时代的教育事业的发展方向备受社会各方的关注。信息化时代，云平台、大数据、互联网+……诸多技术与理念被借鉴于教育，协作式、探究式、社区式……各种教与学的模式不断出现，为教育注入新的活力，也为教育提供新的可能。

　　教育领域的专家学者在探索，国家也在为教育的变革指引方向。教育部在2010年发布的《国家中长期教育改革和发展规划纲要（2010—2020年）》中提出要"加快教育信息化进程"；在2012年发布的《教育信息化十年发展规划（2011—2020年）》中具体指明了推进教育信息化的方向；在2016年发布的《教育信息化"十三五"规划》中进一步强调了信息化教学的重要性和数字化资源建设的必要性，并提出了具体的措施和要求。2017年十九大报告中也明确提出了要"加快教育现代化"。

　　教育源于传统，延于革新。发展的新方向已经明确，发展的新技术已经成熟并在不断完备，发展的智库已经建立，发展的行动也必然需践行。

　　作为教育事业的重要参与者，我们特邀专业教师和相关专家共同探索契合新教学模式的立体化教材，对传统教材内容进行更新，并配套数字化拓展资源，以期帮助建构符合时代需求的智慧课堂。

　　本套高等院校艺术设计类专业案例式规划教材正在逐步配备如下数字教学资源，并根据教学需求不断完善。

☐ 教学视频：软件操作演示、课程重难点讲解等。

☐ 教学课件：基于教材并含丰富拓展内容的PPT课件。

☐ 图书素材：模型实例、图纸文件、效果图文件等。

☐ 参考答案：详细解析课后习题。

☐ 拓展题库：含多种题型。

☐ 拓展案例：含丰富拓展实例，并从多角度讲解。

数字资源使用方式：

扫描图书目录页二维码获取教材数字资源目录，方便查找及与教材知识点对应。

数字资源获取方式：

图书素材

华中科技大学出版社官网→资源中心→建筑分社

（搜索书名，按照内容简介中的提示下载即可）

教学视频、教学课件

关注"华中出版资源服务网"微信公众号→使用微信

"扫一扫"扫描书中相应知识点处的二维码即可

目录
Contents

本书配套数字资源目录

扫码观看
本章核心内容

1

章节
导读 | 3ds Max是欧特克（Autodesk）公司基于个人计算机系统开发的一款三维表现软件，被广泛应用于工业设计、动画、室内设计等行业。其因制作流程简单、兼容性好等特点，也被广泛应用于艺术设计各行业的效果图表现、动画制作、方案模拟等工作中。

1.1 初识3ds Max

1.1.1　3ds Max 概述

从20世纪90年代开始，计算机效果图制作成为环境设计图纸表现中的一种重要表现形式。3ds Max 相较于其他软件，有建模流程简单、与渲染器兼容性好等特点，这些特点使其深受各行各业青睐。但传统设计教育通常由平面艺术课程开始，这导致学生对3ds Max软件上手较慢。本书力求将枯燥的命令融入实际案例中，让学习者能迅速入门，同时较系统地掌握本软件在实际工作中的使用方法。

1.1.2　界面布置

本书使用 3ds Max 2014中文版，安装完成后打开 3ds Max 软件。打开软件，可以看到软件界面整体分为命令菜单、工具条、浮动面板、视窗、视图操作工具等几个部分，如图1-1所示。软件界面主要部分介绍如下。

（1）命令菜单：位于主界面的标题

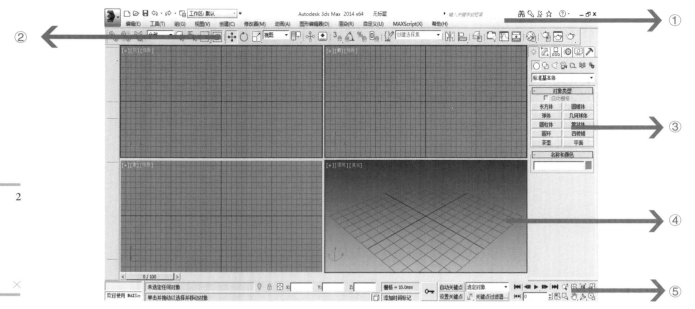

图1-1 3ds Max软件界面构成

栏下面，如图1-1中①所示。每个菜单的标题表明该菜单上命令的用途，该部分可以实现 3ds Max中所有的命令操作，但由于使用不便，故又设置了其他菜单及快捷按钮。

（2）工具条：在主界面中的位置如图1-1中②所示。通过工具条可以快速访问 3ds Max中用于执行常见任务的工具和对话框。这些工具主要承担 3ds Max 中物体的某种属性的修改工作。

（3）浮动面板：主要分为创建面板、修改面板、层次面板、运动面板、显示面板、工具面板几个部分，其在主界面中的位置如图1-1中③所示。

（4）视图：用于观察物体显示状态的窗口，在主界面中的位置如图1-1中④所示，它主要承担的是预览工作，而不是最终效果。

（5）视图操作工具：通过对视图的各种变换达到改变观察角度目的的工具，其在主界面中的位置如图1-1中⑤所示。

1.2 软件菜单

1.2.1 File（文件菜单）

（1）Open（打开）：用于打开同种软件制作的模型场景文件，但具有向下兼容的特点，即低版本软件无法打开高版本模型场景文件。

（2）Save（保存）：覆盖上一次的模型进行保存，快捷键【Ctrl+S】，习惯性地保存可以避免模型场景因意外原因关闭导致的操作数据丢失。

（3）Merge（合并）：可以融合MAX格式的场景，通常用于导入室内配饰及家具的模型。

（4）Import（输入）：可以融合不同软件制作的场景，常导入文件的格式有DWG格式文件和3DS格式文件。

（5）Export（输出）：将用3ds Max软件制作的场景导出，常导出的格式是3DS格式文件。

（6）Archive（归档）：3ds Max软件制作的场景由于制作环境的改变，经常会出现贴图及其他制作素材丢失的现象，而归档命令可以把场景中使用到的素材进行整合，制作成一个压缩包，这个压缩包可以保证制作成果的完整性。

1.2.2　Group（群组菜单）

（1）Group（成组）：该命令可以将单体模型进行临时组合，便于整体操作。

（2）Ungroup（解组）：该命令是成组命令的反命令，可以使成组的模型解组成单体状态。

1.2.3　Views（视图菜单）

Viewport Background（视图背景）：该命令可以设置一张图片作为当前选择窗口的背景，以便于根据背景描摹图形。其中的Use Environment选项可以让视图的背景使用渲染的贴图背景。

1.2.4　Rendering（渲染菜单）

（1）Environment（环境设置）：该命令可以设定渲染的环境内容，在室内效果图制作中，常用来设置渲染结果背景的颜色及图案，配合材质编辑器和Viewport Background功能可以设置室内视角中外景的部分。

（2）Show Last Rendering（显示上一次渲染结果）：该功能可以打开已经关闭了的渲染图像。

1.2.5　Customize（自定义菜单）

（1）Units Setup（单位设置）：该功能可以设置3ds Max中的系统单位。通过设置单位，可以创建适合使用的模型，并能使各软件的单位统一，得到正确的场景。此功能十分重要，通常在每次制图之前，都要进行设置。

（2）首选项：用于对软件颜色、视口背景色彩、文件保存间隔时间、备份等个性化设置进行调整。

1.3　浮动面板简介

浮动面板根据功能分为六大板块，根据效果图制作实际使用需要，主要介绍创建、修改、层次及显示面板。

（1）创建面板：用于3ds Max中各种类型物体的创建。

（2）修改面板：使用大量修改器对初始物体进行修改。

（3）层次面板：对物体轴心点等结构进行管理的面板。

（4）显示面板：可控制物体的显示与隐藏，将物体按类别隐藏的面板。

1.3.1　创建面板

创建面板分为几何体、图形、灯光、

点击菜单可以看到常用命令的快捷键。

3

摄影机、辅助对象、空间扭曲、系统七个部分。效果图制作部分涉及的主要内容简要介绍如下。

（1）几何体：具有三个维度的实体。

（2）图形：用于构成三维实体的辅助二维线（不能进行渲染）。

（3）灯光：用于创造光环境的虚拟物体。

（4）摄影机：用于模拟人眼及摄影机镜头的虚拟物体。

（5）辅助对象：用于辅助测量及建模参考工作的虚拟物体。

1.3.2　修改面板

修改面板界面布局共分为以下几个部分。

（1）物体名称及显示颜色修改：用于物体显示名称以及视图显示颜色的修改。

（2）修改器下拉菜单：点击黑色倒三角形符号可以激活所有修改命令。

（3）堆栈：用于储存物体修改步骤的集合体。

（4）堆栈工具：对修改器操作步骤进行删除、状态调整的工具，常用工具如下。

① ▐▐ 显示最终结果开关：开启就会渲染出最后的效果图，关闭则不会显示此效果图。

② ⊻ 使唯一：在使用多维子材质类型时，确保此材质的名字是唯一的。

③ 🗑 从堆栈中移除修改器：从堆栈中删除当前的修改器，消除该修改器

引起的所有更改。

④ 🗂 配置修改器集：单击可显示一个弹出菜单，用于配置修改面板中修改器的显示和选择。

1.3.3　显示面板与层次面板

（1）显示面板：用于管理场景中的显示情况，可以对物体进行冻结、隐藏等操作。勾选相应类别即可实现隐藏，从而达到简化场景、便于观察的目的。

（2）层次面板：主要使用功能集中在Affect Pivot Only（只影响轴心点），激活该按钮进行移动即是对轴心点的变换，而关闭则是对物体进行变换。

1.4　工　具　条

1.4.1　选择工具组

（1）🔲 分类选择：用于进行不同分类物体的选择，常用的分类有geometry（三维物体）、shapes（二维图形）、light（灯光）、camera（摄影机）、helpers（辅助物体）等。本工具常用于某种物体的单独操作上。例如：在灯光设置的时候，光源往往和模型重叠在一起，我们可以将这个选项设定为light模式，以便避开模型的干扰。

（2）🖼 选择对象：直接点取选择，单一的选择工具只具备选择功能，被选中的物体呈亮白色。

（3）🖼 按名称选择：本工具的

5

小/贴/士

3ds Max 创建物体的流程如下。

步骤1：选择合适视图（一般选用顶视图和透视图,使用快捷键【G】隐藏网格）。

步骤2：点击创建面板，选择三维物体中的长方体。

步骤3：右键切换视图，按住鼠标左键拖动出物体的基面后放开鼠标左键。用鼠标拖拉出长方体的高度，放开鼠标左键，鼠标右键点击空白界面，即完成对该长方体的创建。

步骤4：右键点击空白处取消命令，以免发出错误指令。

步骤5：左键点击修改面板，将长方体的长度、宽度、高度均改为500mm，按下回车键，即完成了对该长方体的修改。

功能是利用已知的物体名称进行单一物体选择。快捷键为【H】。

（4）　选择区域：按住鼠标左键，下拉菜单中有矩形、圆形、多边形等选择区域。一般选用矩形选框对视图或场景中的物体进行选择。

（5）　窗口/交叉选择：一般操作中选择形体的局部即可选中全部物体。若激活该按钮变为全选工具，则只有选中形体的全部内容才可以选中物体。本工具适用于筛选有交叉的物体。

1.4.2　变换工具组

3ds Max 中创建物体、材质及灯光分为两步。先创建物体，再对其进行编辑及变换。其中最简单的方式是使用工具条上的变换工具。变换工具分为移动、旋转、缩放三种，分别用于对物体的位置、角度，物体自身的比例大小或者x、y轴的比例进行调整，来实现物体的基本变化。

（1）　移动：用于改变物体距离的工具。需要移动物体位置时，点击物体后随即出现一个坐标轴，由坐标轴的方向拖曳物体即可实现正交移动。

（2）精确移动物体：如果需要精确移动，右键点击已经激活的移动坐标，出现如图1-2所示的对话框。通常使用屏幕坐标系统进行位移的指定，可以达到精确指定距离的目的。

（3）复制：如图1-3所示，按下快捷键【Shift】的同时按住鼠标左键进行拖动，放开鼠标左键后通常会出现两种情况，即复制与实例。二者的区别在

按住【Ctrl】键配合鼠标左键进行加选。

于，复制产出的物体与母体无关联，实例反之。实例通常用于近似物体的统一操作（如灯具）。

（4）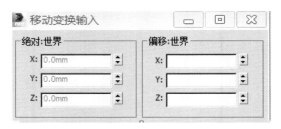 旋转：用于改变物体的角度，如图1-4所示，旋转的方向由坐标轴方向决定。如需进行精确的角度旋转，可右键点击旋转图标，在右侧的屏幕坐标系中，根据不同的轴向进行角度的旋转。

（5） 缩放工具：选择一个物体，x、y轴的比例均发生变化，多用于模型的匹配。它是改变物体比例的工具，通过按住鼠标左键点击缩放图标，可出现三种形式，即等比例缩放、不等比缩放和压缩缩放。可右键点击旋转图标，激活数值控制菜单，左侧数据为不等比缩放的形式。

1.4.3 轴心点工具组

轴中心：轴心是物体变化的中心，通过轴心工具可以改变物体的轴心。轴心工具有两个部分，第一部分是前方的下拉式菜单，后面第二部分则是进行轴心点方式修改的按钮。轴心点的方式有三种，即自身轴心点、公共轴心点及自定义轴心点。

1.4.4 捕捉工具组

（1） 捕捉开关：在装饰建模中，模型往往需要进行精确的对齐，捕捉点可以很好地完成这个工作，我们可以通过捕捉点工具获取物体的坐标进行精确建模。捕捉点的快捷键是【S】。

捕捉点分为2维捕捉、2.5维捕捉和

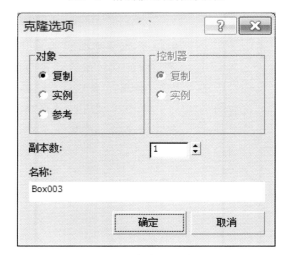

图1-2　精确移动物体对话框

图1-3　复制对话框

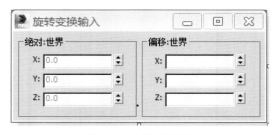

图1-4　旋转对话框

3维捕捉三种，可以通过长按左键的方式点击捕捉按钮激活。如图1-5所示，左键点击捕捉以激活捕捉点的设置菜单。

（2） 2维捕捉：捕捉二维平面上的符合条件的点，一般只用于平面图形的捕捉。

（3） 2.5维捕捉：捕捉当前结构上符合条件的点和物体投影点。

（4） 角度捕捉：此工具用于角度变化的设定。快捷键为【A】。

也可以使用层次面板中的Affect Pivot Only（只影响轴心点）按钮，进行自定义的变化。

（5）百分比捕捉：用于对物体进行缩放和挤压操作时的比例设定。

1.4.5 对齐及镜像组

（1）镜像工具：用于翻转图像和复制对称图像的工具。

① 镜像轴向：决定镜像的操作按照某一轴向进行翻转。

② 镜像方式：决定被镜像的物体与本体之间的关系。常用模式主要有No

Clone（不进行复制）、Copy（复制模式）及Instance（关联复制）三种。用按钮移动。

（2）对齐工具：将规则物体进行表面贴合或单方向对齐的命令。快捷键为【Alt+A】。

① 对齐轴向：决定被选择物体移动的轴向的选项，通常只勾选一个轴向。

② 对齐参数：决定物体的对齐状态的选项，分为左、右两个区域。左区域

小贴士

水平镜像快捷键：【Alt+Shift+Ctrl+N】。

垂直镜像快捷键：【Alt+Shift+Ctrl+M】。

最大边和最小边的概念：在同一轴向上的若干条边当中，处于轴向正方向上的边是最大边，处于负方向上的边是最小边。如图1-6所示，在y轴方向上的两条边，A边是最大边，B边是最小边。

图1-5 捕捉设置

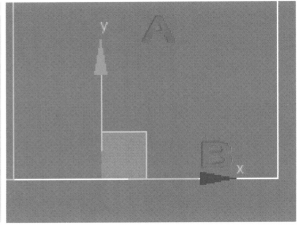

图1-6 对齐工具

小/贴/士

几种主要的图像格式特点列举如下。

BMP：不支持Alpha通道，属于位图格式。

JPEG：24位真彩色图像，压缩格式图像，图像质量比较高，但丢失色彩信息比较严重，图片常应用于互联网，也是常用的图像格式。

TGA：24位RGB图像包括8位的Alpha通道，属于专业级别图像格式，缺点是文件大，不常应用于制图领域。

TIFF：用于不同软件和计算机之间的交换文件，是一种灵活的位图格式。它几乎支持所有的图形软件和CMYK印刷色，但不支持Alpha通道，是常用的图像格式。

电脑桌制作视频

是被选择物体的参数，右区域是被对齐物体的参数，主要用到的参数有 Maximum（最大边）、Minimum（最小边）和 Center（中心）。

1.4.6 其他工具

（1） 材质编辑器：用于激活材质编辑器的按钮。快捷键为【M】。

（2） 渲染工具组：用于渲染设置及执行渲染过程。

设计工作的最终结果，往往是通过渲染工具进行输出的，而渲染工具组的按钮就是进行渲染的一组工具，从左至右依次为渲染设置按钮、渲染方式下拉式菜单和快速渲染按钮。其中快速渲染的快捷键为【Shift + Q】。

（3） 渲染设置：单击后，可以对渲染进行设置。快捷键为【F10】。

（4） 渲染帧窗口：制作完毕后可以使用该命令渲染输出，查看效果。

（5） 渲染产品：对物体进行

最大化显示快捷键为【Z】，去除网格快捷键为【G】。

快速渲染。快捷键为【Shift+Q】。

1.5 综合建模练习

为了让大家更好地掌握命令，下面通过一个电脑桌的建模练习来介绍工具条、建模命令的综合使用。

1.5.1 创建桌面

如图1-7所示，利用创建面板在透视图中创建一个长方体，长度为700 mm，宽度为1400 mm，高度为20 mm。

1.5.2 创建桌腿

1. 创建桌腿几何体

如图1-8所示，创建一个长方体，长为600 mm，宽为20 mm，高为730 mm。

2. 修改桌腿位置

如图1-9所示，使用对齐命令（或使用快捷键【Alt+A】）将创建出的桌腿对齐。

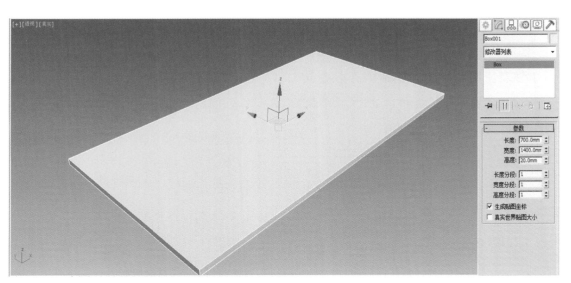

图1-7　创建桌面

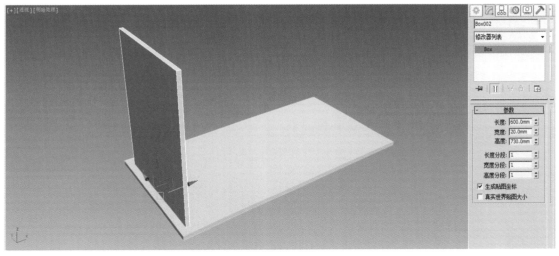

图1-8　创建桌腿

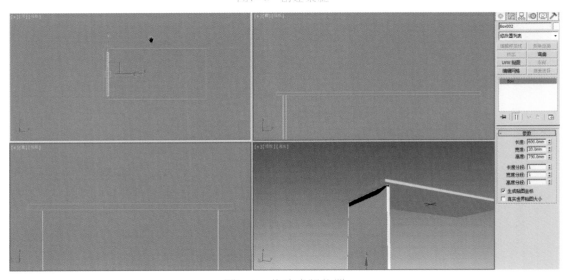

图1-9　修改桌腿位置

3.复制移动

如图1-10所示，使用快捷【Ctrl+V】复制出右侧桌腿，使用鼠标右键点击移动按钮激活数值偏移，进行屏幕坐标的横移。

1.5.3 创建背板

如图1-11所示，选择合适视图打开捕捉工具，创建长方体。

1.5.4 创建抽屉

1.创建长方体

如图1-12所示，创建一个长方体，长为600mm，宽为380mm，高为20mm。

2.偏移对齐

如图1-13所示，使用偏移、对齐命令形成抽屉。

1.5.5 创建抽屉板

1.创建长方体

如图1-14、图1-15所示，开启捕捉工具在顶视图中创建一个长方体，长为600mm，宽为866mm，高为20mm。移动到对应的位置。

2.复制以及移动

如图1-16所示，使用复制和移动工具制作抽拉用的抽屉板。

1.5.6 创建挡板

如图1-17所示，复制之前对抽屉板进行修改并调整位置。

最终成品如图1-18所示。

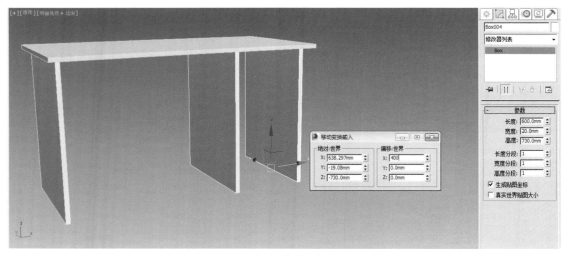

图1-10 复制移动

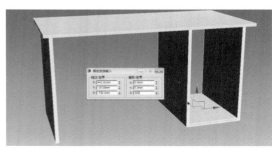

图1-11 创建背板

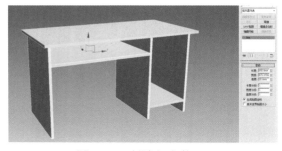

图1-12 创建长方体

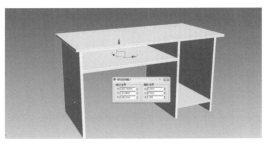

图1-13　偏移对齐

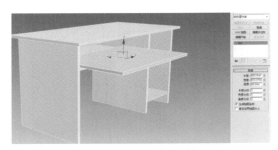

图1-14　创建长方体

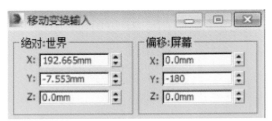

图1-15　移动

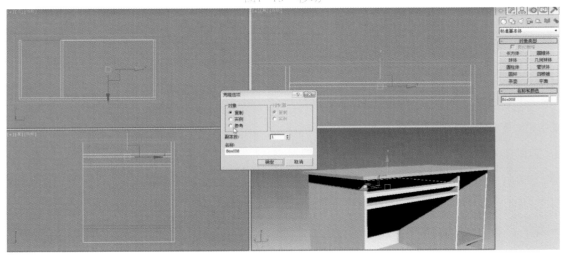

图1-16　复制和移动操作

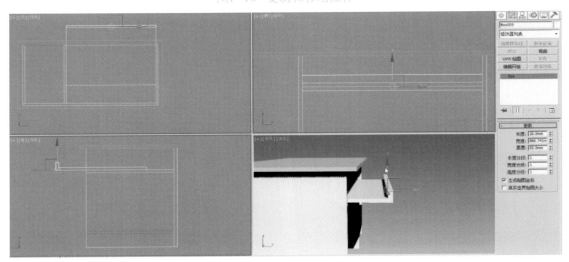

图1-17　创建与修改

图1-18　完成状态

1.6　视图操作及右键菜单

1.6.1　屏幕操作工具

（1）🔍 缩放工具：改变图像观察距离，前后滚动鼠标滚轮即可完成操作。

（2）🔲 缩放所有视图：改变四个视图图像的观察距离。

（3）🔲 最大化选择物体工具：按住最大化按钮会出现另外一个工具。这个工具的功能是让已经被选择的物体最大化显示。快捷键为【Z】。

（4）🔲 所有视图最大化显示选定对象：所有图像同时最大化显示。

（5）⬚ 区域放大工具：放大所选视图。快捷键为【Ctrl+W】。

（6）🔄 翻转工具：使用该工具可以改变物体的观察角度。快捷键为【Alt+鼠标中键】。

1.6.2　右键菜单

1. 视图右键菜单

右键点击视图左上角的视图名称，可以激活视图操作菜单，这部分菜单用于管理视图显示状态。常用命令有以下几种。

（1）Smooth + Highlights（光滑加高光模式）：物体同时显示光滑和高光两种状态。

（2）Edged Faces（边界显示模式）：显示物体的网格状态。

（3）Wireframe（线框显示模式）：以线框的模式显示物体，此模式的切换速度较快，快捷键为【F3】。

（4）Show Grid（显示网格开关）：显示系统默认的辅助网格，快捷键为【G】。

（5）Show Background（显示背景开关）：开启或关闭物体的背景显示。

（6）Show Safe Frame（显示安全框开关）：场景内有摄影机时，渲染的结果会与当前视图不符。打开该选项能显示渲染结果。

2. 物体右键菜单

选中物体后在视图名称的位置外点击右键，可以激活一个菜单，利用这个菜单可对选中的物体的显示、冻结、操作、属性、格式等操作进行管理，常见命令如下。

（1）冻结功能组。

① 解冻和全部冻结：一般用于复杂场景的制作和修改。其中全部冻结是制作效果图中导入CAD模型时进行的操作。方便后期的制作（注意，此时的捕捉点要设置捕捉到冻结对象）。

② Unfreeze All（全部解冻）：将场景中冻结的物体全部解冻。

③ Freeze Selection（冻结当前）：将选中物体进行冻结。

（2）隐藏功能组。

① Unhide by Name（按名称取消隐藏）：按照隐藏物体的名称取消隐藏。

② Unhide All（显示全部）：将隐藏的物体进行反隐藏。

③ Hide Unselection（隐藏未选定）：隐藏没有选择的物体。

④ Hide Selection（隐藏当前）：隐藏所选物体。

（3）操作功能组：本选项是移动、旋转、缩放的右键切换命令。可以通过点击右侧的输入框进行数值的指定，从而达到精确定位的目的。命令包括Move（移动）、Rotate（旋转）、Scale（缩放）以及Clone（复制）。

（4）Properties（物体属性）：通过这个选项可以查看所选物体的属性。常用该选项查看物体的面数。

（5）转换模型格式命令组：本部分是对物体模型格式的转换选项，分为Convert To Editable Spline（转换为可编辑样条线）、Convert To Editable Mesh（转换为可编辑网格物体）、Convert To Editable Poly（转换为可编辑多边形）、Convert To Editable Patch（转换为可编辑面片）等命令，需注意的是二维图形可以转换为三维物体，而三维物体不能转换成二维图形。

小/贴/士

3ds Max常用快捷键列举如下。

平移运动：【鼠标中键】。

翻转视图：【Alt+鼠标中键】。

视图的放大缩小：【Alt+Ctrl+鼠标中键】。

恢复上一步：【Ctrl+Z】。

重复上一步：【Ctrl+Y】。

全选：【Ctrl+A】。

反选：【Ctrl+I】。

网格切换：【G】。

最大化显示视图：【Alt+W】。

将当前选择的物体隔离并最大化显示在视图上，其他物体暂时隐藏：【Alt+Q】。

将所选的视图转换为摄影机视图：【C】。

位移：【W】。

旋转：【E】。

缩放：【Z】。

打开视图快捷键切换菜单，选择视图进行切换：【V】。

放大坐标轴：【+】。

缩小坐标轴：【-】。

在当前视图中完全显示所有物体：【Ctrl+Atl+Z】。

小／贴／士

复制所选择的一个或多个物体：【Shift+鼠标左键】。

增加选择：【Ctrl+鼠标左键】。

减少选择：【Alt+鼠标左键】。

菜单选择物体：【H】。

显示材质编辑器：【M】。

实体显示和线框显示的切换：【F3】。

线框显示：【F4】。

快速渲染：【Shift+Q】。

显示渲染菜单：【F10】。

选择物体最大化：【Z】。

视图模式：【Ctrl+X】。

对齐：【Alt+A】。

角度捕捉（开关）：【A】。

改变到后视图：【K】。

切换到上（Top）视图：【T】。

切换到底（Bottom）视图：【B】。

切换到相机（Camera）视图：【C】。

切换到前（Front）视图：【F】。

切换到等大的用户（User）视图：【U】。

切换到右（Right）视图：【R】。

切换到透视（Perspective）图：【P】。

默认灯光（开关）：【Ctrl+L】。

删除物体：【Delete】。

匹配到相机（Camera）视图：【Ctrl+C】。

最大化当前视图（开关）：【Alt+W】。

坐标轴方式切换：【Shift+Ctrl+X】。

本 ／ 章 ／ 小 ／ 结

　　本章主要内容为基础命令的运用，相对比较枯燥，却是后续操作的基础，希望同学们通过学习熟悉软件的使用范围、界面构成和各部分构成的基本参数，能够进行物体创建、物体参数修改、菜单操作、视图操作、基本右键菜单操作、工具条功能操作等，并能够完成1.5节的电脑桌制作。

思考与练习

1. 试简述工具条、浮动面板、屏幕操作工具的作用。

2. 尝试按照 3ds Max 的标准建模流程绘制一个基本三维物体。

3. 尝试使用快捷键和右键菜单进行命令操作。

扫码观看
本章核心内容

第 2 章

修改器建模

**章节
导读** | 　3ds Max 中模型修改器是建模的重要部分，3ds
Max中的建模是通过创建出可修改的初始物体，再利用
修改器的调整功能进行微调完成的。根据其使用对
象，修改器可以分为二维线修改器和三维物体修改器两
种。本章希望通过对效果图常用修改器命令的讲解，帮
助读者掌握建模技巧。

2.1 常用二维线修改器

2.1.1　Edit Spline（编辑样条线）

　　它是二维线修改器的核心命令，利
用点、线段及样条线三个级别对次物体
进行修改，次物体的状态如图2-1所
示。次物体级别的切换可以通过堆栈上
的列表进行，也可以通过点击下方的按
钮进行。

图2-1　编辑曲线修改器

1.点的调整

　　编辑曲线命令可以分为两部分，一
部分是利用列表中的工具按钮完成，另

一部分是对点的调整。在实际操作中，最实用的命令并不是修改器中的列表功能，而是对于点的移动、旋转、缩放等基本操作，这些命令可以配合捕捉、对齐、轴向锁定等辅助工具对顶点进行调整，根据设计者的意图自由建模。

2.点的类型

如图2-2所示，点击右键菜单，操作点的类型可以分为Bezier Corner（如图2-3中A所示）、Bezier（如图2-3中B所示）、Corner（如图2-3中C所示）、Smooth（如图2-3中D所示）四种模式。这四种模式是直线曲度的不同控制方式的分类。

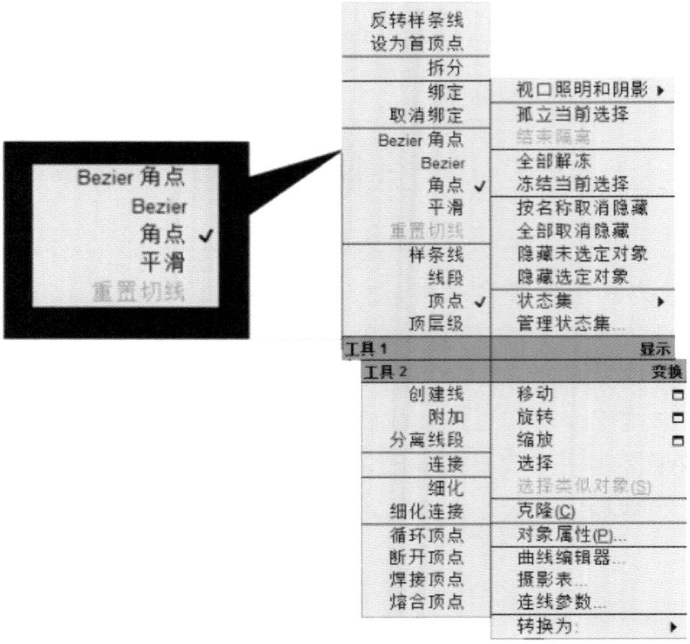

图2-2　点的类型

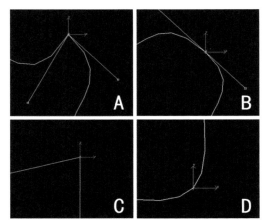

图2-3　顶点的区别

Bezier Corner（Bezier角点方式）：通过两个可以单独控制的手柄进行曲度调节的点类型。

Bezier（Bezier方式）:通过两个共同操作的手柄进行曲度调节的点类型。

Corner（角点方式）:没有任何曲度的点类型。

Smooth（平滑方式）:没有可供调节的手柄的默认平滑方式。

如果坐标影响了点级别的手柄调节，可以尝试用快捷键【Ctrl+Shift+X】切换坐标方式，同时使用键【F5】、【F6】、【F7】、【F8】进行轴向锁定切换。

小／贴／士

3. 工具按钮

在列表中出现的工具对不同的次物体可以进行快捷的操作，在装饰建模中较实用的工具按钮有以下几种。

（1）Create Line（创建直线）：利用该命令可以创建一条新的直线。配合捕捉点工具使用。

（2）Attach（合并）：利用该命令可以将外部的二维线拖入编辑线的内部集合进行合并。

（3）Detach（分离）：Attach的反命令，利用该命令可以将选中的次物体分离出编辑线的内部集合。

（4）Refine（加点）：利用该命令可以在二维线的任何位置加入顶点，进行下一步编辑。

（5）Weld（焊接）：利用该命令可以将两个分离的顶点进行融合。

（6）Chamfer（切角）：选中一个顶点，利用该工具可以将顶点切去，变成一个直线切角。

（7）Fillet（圆角）：使用方式与Chamfer相同，但该工具创建的是一个圆角。

（8）Outline（扩边）：线级别命令，利用该命令可以将选中的线进行轮廓制作，其距离由命令后面的数值决定。

（9）Make First（设第一点）：利用该工具可以将选中顶点设为该曲线的开始点，对利用该二维线创建的模型有很大影响。

下面通过一个钢管椅子的制作介绍本修改器的具体使用方法。

2.1.2 钢管椅子制作

1. 创建钢管结构

（1）创建矩形。如图2-4所示，在创建面板中创建一个矩形，长为650 mm，宽为600 mm。

钢管椅子
制作视频

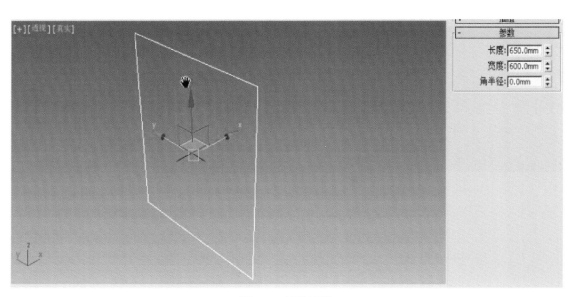

图2-4 创建矩形

（2）复制移动。如图2-5所示，原地复制一个矩形并且移动。快捷键【Ctrl+V】（或者点击右键选择克隆）

（3）附加。如图2-6所示，先选中一物体，在编辑样条线里选择附加命令，点击要附加的物体使之融合。

（4）编辑线。如图2-7所示，在编辑样条线中选择分段命令，点击两条边进行删除。

（5）创建线。如图2-8所示，在编辑样条线里点击创建线，打开捕捉工具进行连接。捕捉快捷键【S】。

（6）焊接。如图2-9所示，在编辑样条线里点击选择焊接命令，对所要焊接的点进行焊接。

（7）圆角。如图2-10所示，在编辑样条线里点击选择圆角，对选中的点进行圆角操作。

（8）对结构进行调整。如图2-11所示，在编辑样条线里点击选中点，对钢管结构进行编辑使得形体更符合人体工程学。

（9）放样。如图2-12所示，在任意视图里创建一个直径为10mm的圆，使用放样命令拾取截面。

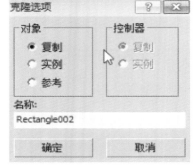

图2-5　复制移动

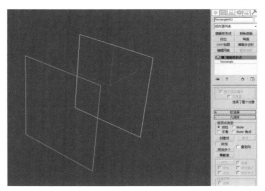

图2-6　附加

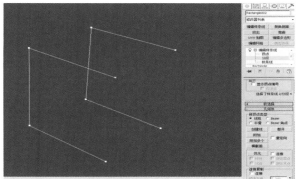

图2-7　编辑线

在进行路径绘制时，应考虑人体在椅子上各部分的尺寸输入数值，同时考虑椅子的使用功能，进行针对性建模，可增加模型的细节。

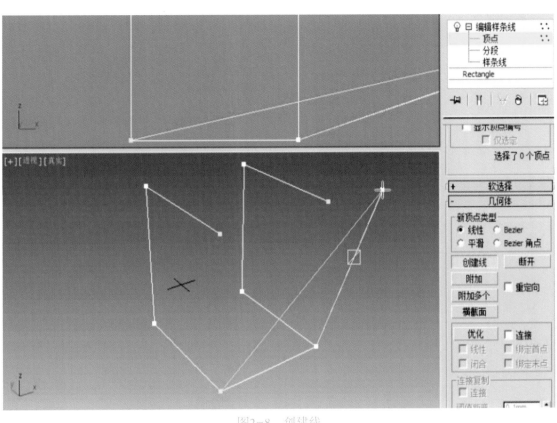

图2-8 创建线

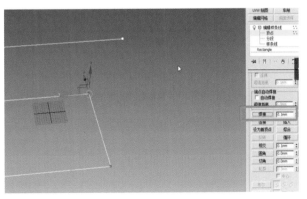

图2-9 焊接

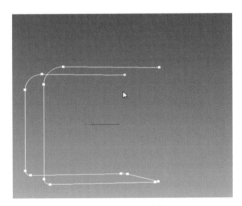

图2-10 圆角

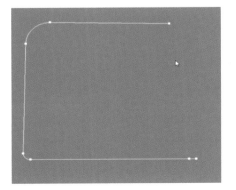

图2-11 对结构进行调整

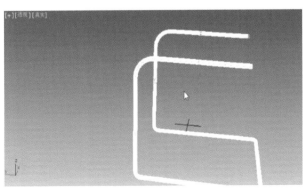

图2-12 放样

2.创建坐垫以及靠背

（1）创建切角长方体。如图2-13所示，在创建面板里创建一个切角长方体，长为500 mm，宽为530 mm，高为30 mm。

（2）偏移和对齐。如图2-14所示，将坐垫对齐到底面，右击移动按钮进行精确移动，偏移高度为450 mm。

（3）靠垫的制作。复制坐垫，在修改面板中对长、宽、高进行编辑，如图2-15所示。

（4）靠垫的翻转。如图2-16所示，将靠垫利用旋转工具旋转到合适的角度。

（5）建模结果如图2-17所示。

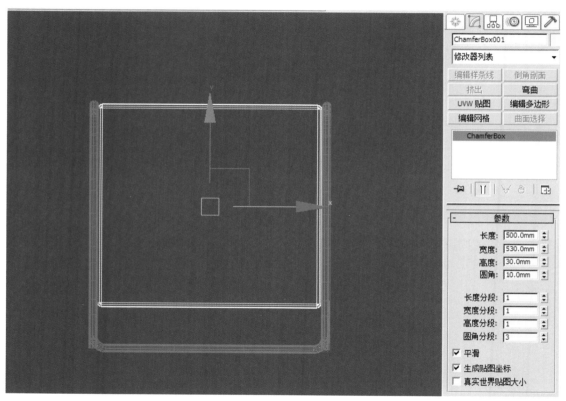

图2-13　创建切角长方体

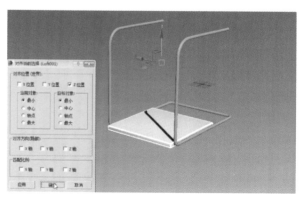

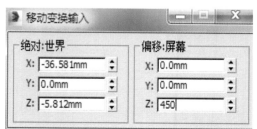

图2-14　偏移和对齐

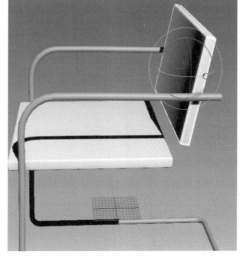
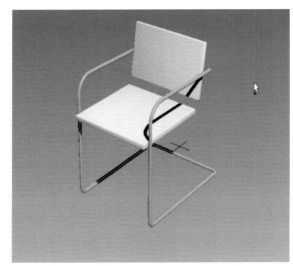

图2-15　靠垫的制作　　　　图2-16　靠垫的翻转　　　　　图2-17　完成效果

2.1.3　放样

Loft（放样）：利用该工具，可以将一个二维形体对象作为剖面沿某个路径形成复杂的三维对象。同一路径上可在不同的段给予不同的形体作为剖面。可以利用放样来实现很多复杂模型的构建。这里通过制作一个简单的门口线来介绍放样操作，步骤如下。

1. 创建墙及门

利用创建面板在前视图中用二维线绘制出一个长方形，高为2800 mm，宽为3000 mm。再次绘制一个长方形，高为2100 mm，宽为800 mm，如图2-18所示。

2. 附加门

如图2-19所示，在修改面板上点击编辑样条线命令，将门的二维线附加于墙上。

3. 制作门洞

如图2-20所示，在修改面板上点击样条线级别，选择样条线命令（布尔运算的差集）制作门洞，再挤出墙的厚度，厚为200 mm。

4. 创建路径

如图2-21所示，打开捕捉命令，利用二维线在前视图绘制出长方形，并将其转化为可编辑样条线，选择分段级别，删除底边线段，得到门口线放样路径。

5. 制作门口线截面

如图2-22所示，在创建面板中绘制出一个长方形，长为30 mm，宽为80 mm。

6. 优化

如图2-23所示，单击右键菜单中的细化命令对线段进行加点处理，并通过移动命令对点进行移动修改，单击右键使用角点命令对其进行优化，再通过修改面板中的圆角命令对其进一步修改。

7. 放样

如图2-24所示，在创建面板中点击复合对象中的放样命令，对制作出的脚线进行图形拾取。

制作门口线视频

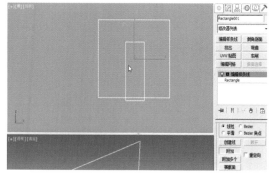

图2-18 创建墙及门

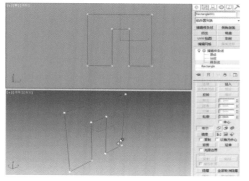

图2-19 附加门

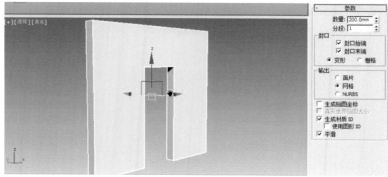

图2-20 制作门洞

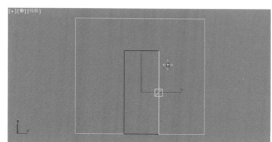

图2-21 创建路径

图2-22 制作门口线截面

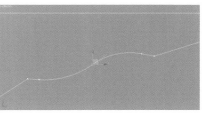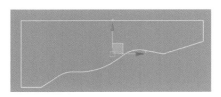

图2-23　优化

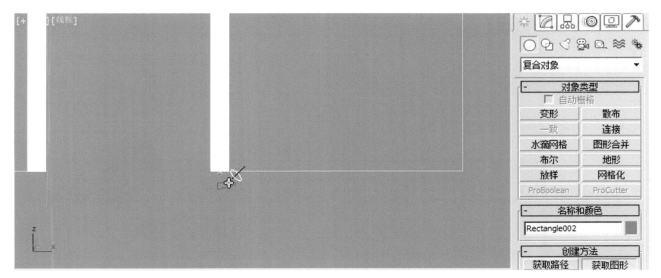

图2-24　放样

8. 修改门口线位置

如图2-25(a)和图2-25(b)所示，使用镜像命令对其进行翻转，使用捕捉或对齐命令将其紧贴于墙面。

9. 翻转门口线

如图2-26所示，点击修改面板Loft命令中的图形级别，使用旋转命令和角度捕捉命令来完成对门口线的翻转。

10. 调整网格数量

如图2-27所示，利用修改面板中的蒙皮参数，将图形步数改为3，路径步数改为1，即完成门口线的最终制作。

2.1.4　车削

Lathe（车削）：利用该工具，可以将一个二维图形作为剖面，通过旋转0°～

360°，将其转换为三维造型。

1. 绘制桌腿单剖线

利用画线工具，绘制桌腿单侧外形线，如图2-28所示。

2. 车削操作

加入车削命令，令二维图形旋转360°，最终结果如图2-29所示。

2.1.5　挤出

Extrude（挤出）：利用该工具，可以使选中的二维线生成三维图形。室内建模中，常用于墙体、室内构件等模型的制作。下面通过一个墙体建立的练习来介绍该功能在设计中的应用。

1. 单位设置

在自定义菜单中将单位设置为毫米。

制作墙体视频

图2-26 翻转门口线

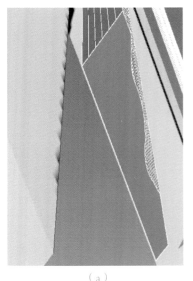

（a）

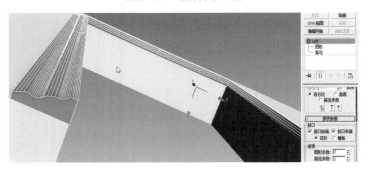

（b）

图2-25 修改门口线位置

图2-27 调整Loft精度

图2-28 绘制样条线

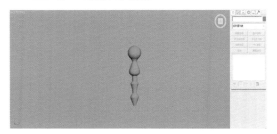

图2-29 车削结果

2. 导入文件

（1）如图2-30所示，在文件中导入CAD模型。

（2）成组与冻结。如图2-31所示，将导入的CAD图进行成组与冻结，方便后面的操作。

3. 创建线对内墙进行描绘

（1）设置捕捉点。如图2-32所示，右击捕捉点工具，勾选选项中的捕捉到冻结对象。

（2）创建二维线。如图2-33所示，打开创建面板中的画线工具对内墙进行捕捉绘制。

4. 挤出

如图2-34所示，在修改面板里选择挤出命令，挤出高度为2800 mm。

5. 制作窗户和过梁

（1）创建窗台。如图2-35所示，打开捕捉，在门窗对应的位置创建矩形。将门和窗所绘矩形分别挤出，先选择窗户的矩形挤出窗台高度。

（2）创建过梁。如图2-36所示，对之前的窗台进行复制，高度改为400 mm。

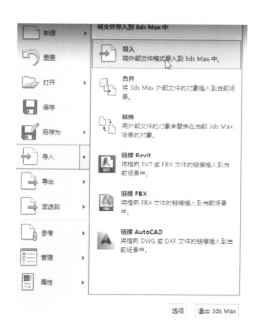

图2-30　导入文件

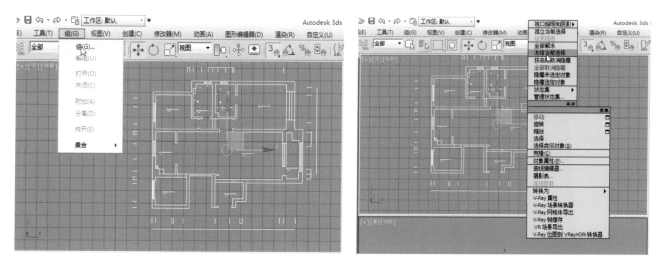

图2-31　成组与冻结

图2-32　设置捕捉开关

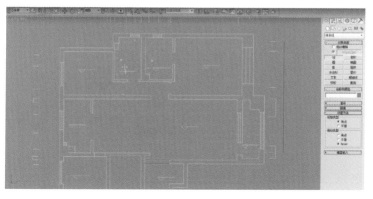

图2-33　创建二维线

28

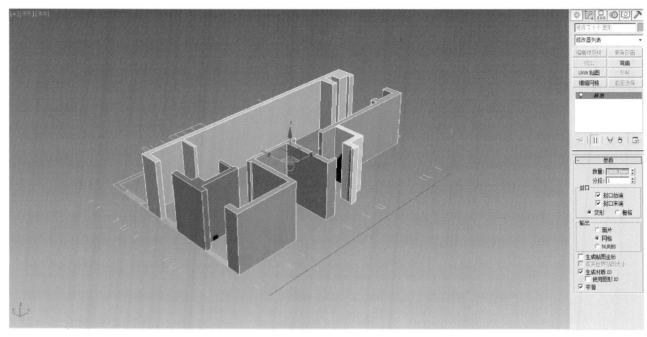

图2-34 挤出

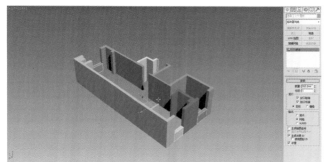

图2-35 创建窗台

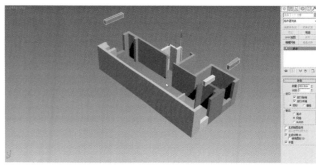

图2-36 创建过梁

创建圆形
吊顶视频

（3）对齐。如图2-37所示，应用对齐工具对齐到相应位置。

（4）门框高度。如图2-38所示，创建门框，高为800 mm，并且对齐到相应位置。

6. 制作天棚和地面

如图2-39所示，在创建面板中创建长方体，完全遮盖所创建的空间，完成模型制作。

2.1.6 倒角剖面

Bevel Profile（倒角剖面）：利用一个路径和一个截面复合而成的二维线修改工具，通常用于侧面带有线脚的室内模型的制作。下面通过制作一个圆形吊顶的练习来介绍倒角剖面在设计中的应用。

1. 创建吊顶

（1）创建矩形。如图2-40所示，

在创建面板中创建一个长为5000 mm、宽为5000 mm的矩形。

（2）创建圆并且对齐。如图2-41所示，在创建面板中创建一个半径为1500 mm的圆，并与矩形对齐，中心对称。

（3）附加。选择一个矩形，将它转化为可编辑样条线，点击附加命令，再点击圆形，使其成为一个整体。

（4）如图2-42所示，复制一个副本并隐藏。

（5）挤出。将上述的二维线挤出，厚度为200 mm。

2.制作棚角线

（1）如图2-43所示，利用留下的副本二维线，制作出棚角线的路径。

（2）创建剖面。如图2-44所示，在创建面板中用二维线绘制一个棚角线的剖面并且对它进行圆角处理。

（3）如图2-45所示，拾取剖面。

（4）如图2-46所示，通过修改面板进行倒角剖面的次物体修改，开启角度捕捉进行旋转，使其与原始剖面一致，完成模型。

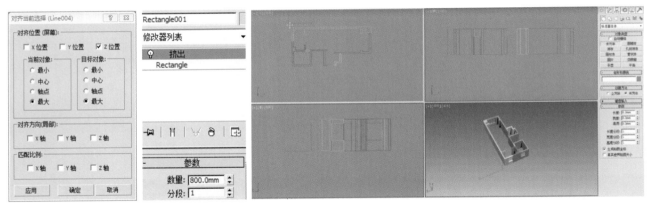

图2-37　对齐　　图2-38　门框高度　　　　图2-39　制作天棚和地面

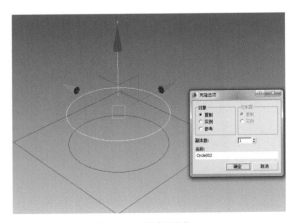

图2-40　创建矩形　　　图2-41　创建圆并且对齐　　　图2-42　保留副本

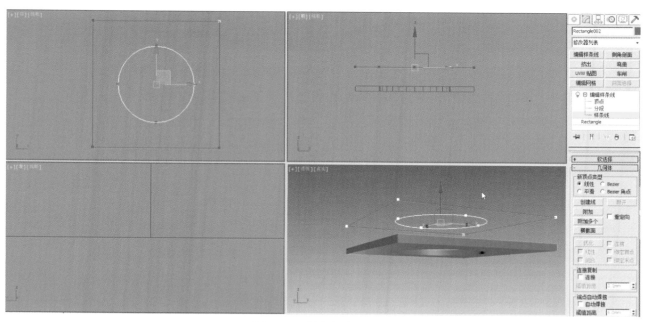

图2-43　制作棚角线路径

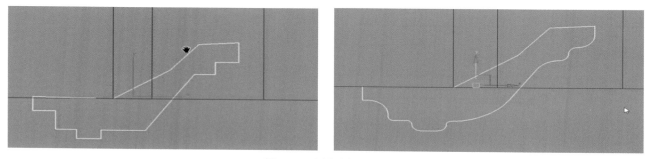

图2-44　制作剖面图形

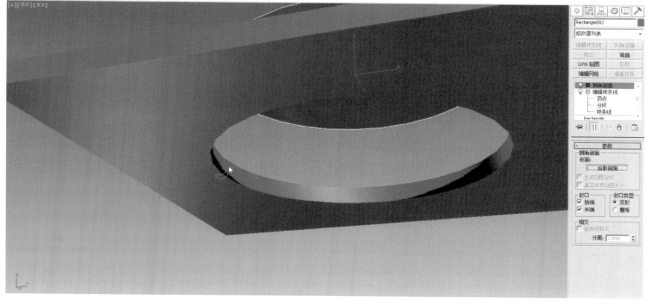

图2-45　拾取剖面

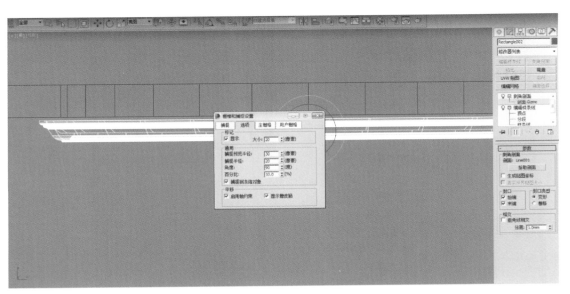

图2-46 调节剖面

2.2 三维物体修改器

3ds Max 的另一类修改器是针对三维物体的修改器，这类修改器通常是先创建一个适合修改的基本物体，然后通过修改器的功能加以变形。

装饰建模常用的修改器有以下几种。

2.2.1 Edit Mesh（编辑网格修改器）

它是三维物体的核心命令，其原理是利用构成三维物体的点、边、面、多边形等元素对次物体进行编辑修改，从而产生调整物体网格的效果，如图2-47所示。它的常见功能如下。

（1）Ignore Backfacing（忽略背面）：如果在一个方向进行框选，会选中重合的顶点，而激活这个选项，可以只选中前面的顶点，忽略背面的顶点，如图2-48（a）和图2-48（b）所示。

（2）Attach（合并）：利用该命令可以将其他物体引入当前物体集合中使用。

（3）Detach（分离）：合并的反命令。在装饰建模中通常用于多边形级别，可以分离选中的局部面，分别赋予材质。

（4）Chamfer（倒角）：利用该命令可以将选中的顶点、边等次物体进行拆分、倒角。该命令可以在点级别和面级别中使用。

（5）Weld（焊接）：将选中的点进行合并，可以进行具体数值的指定，决定焊接的范围。

（6）Make Planar（共面）：可以让选中的点共处于一个平面中。

（7）Collapse（塌陷）：基本功能与Weld相同，将选中的点、线、面进行合并，变成一个顶点。但比Weld操作更灵活，范围更大。

（8）Visible（可见）：边级别命令，使选中的边可见。

（9）Invisible（不可见）：使选中

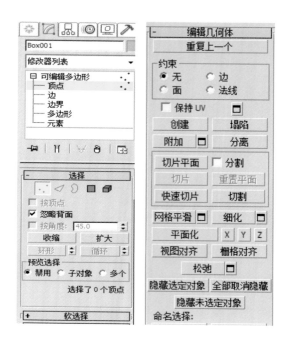

图2-47 Edit Mesh修改器概况

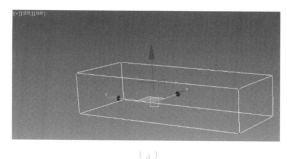

（a）

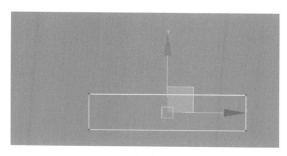

（b）

图2-48 背面忽略状态

的边不可见。

（10）Turn：可用来翻转边的工具。

（11）Extrude（挤出）：多边形级别的主要命令。可以将选中的面挤出一个高度，从而产生变形。挤出的数量为正值时向外挤出，数量为负值时向内挤出。

（12）Bevel（斜面）：可以将选中的面进行缩放，此命令带有倒角的作用。也可以用3ds Max的缩放功能代替。

（13）Flip（翻转法线）：在3ds Max中，模型的显示方向通常和法线的方向保持一致，通过该功能，可以选中需要翻转法线的面或者物体，进行法线的翻转，从而改变模型表面的显示方向。

（14）Set ID（设置ID）：ID在3ds Max中的概念就是某个次物体的编号，在Edit Mesh中可以对选中的面进行ID的设置，从而在材质的编辑中可对一

个物体的不同部分赋予不同的材质。

（15）Select ID（按名称选择ID）：通过此选项可以按ID名称对该ID编号下的次物体进行选择。可以用来校验ID的设置情况。

2.2.2 Mesh Smooth（网格光滑工具）

这是一个通过加大网格密度，产生光滑效果的工具。通常配合Edit Mesh（编辑网格工具）或Edit Poly（编辑多边形工具）使用，并且该工具可以在光滑后进行类似自由变形的操作。其缺点是易产生多余的面，可以配合优化工具进行精简。基本参数如图2-49所示。

（1）Iterations（迭代次数）：进行光滑的精度级别，此参数通常设置为3次以内的数。

（2）Subobject Level（次物体级

别）:次物体的种类，通常选用点级别次物体，通过点的调整，可以产生类似FFD变形盒的调整效果。

（3）Control Level（控制级别）：如果需要进行细节操作，可通过此选项增加控制点的数量，但不能超过迭代次数所设置的次数。

（4）Weight（权重）：增加此选项数值，周围的面会呈现一种吸附的状态，被选中的点会被吸附过来。

2.2.3 Edit Poly（编辑多边形修改器）

编辑多边形修改器是在编辑网格修改器之后推出的三维修改器，相较于编辑网格而言，网格的创建方式更合理，同时它的功能对于室内建模而言比较便利，因此成为当下比较流行的单面建模方式的核心修改器（详见单面建模练习）。

下面通过一个房屋墙体单面建模的综合练习来学习可编辑多边形在设计中的应用。

1.设置基本单位

将基本单位设为毫米。

2.创建基本形体

（1）如图2-50所示，创建一个长方体，设置长、宽、高尺寸分别为4000mm、6000mm和3000 mm。

（2）如图2-51所示，将它转换为可编辑多边形。

（3）法线翻转：如图2-52所示，点击元素，选择模型进行翻转。右击模型选择对象属性—背面消隐，变成单面模型。

3.制作窗户

（1）如图2-53所示，选择边级别进行连接操作，再选择面级别挤出窗台厚度。

（2）如图2-54所示，将面进行分离，关闭次物体选择，隐藏选定物体。

（3）如图2-55所示，通过边的连接，分离面之后，挤出窗框厚度，最后用【Delete】键删除玻璃部分做出窗户。

单面建模视频

图2-49 Mesh Smooth 参数

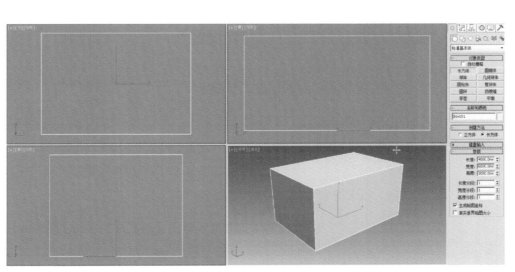

图2-50 绘制长方体

34

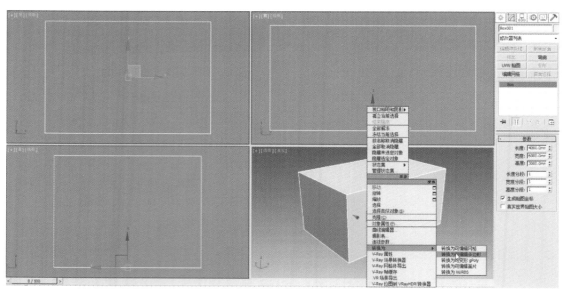

图2-51 转换为可编辑多边形

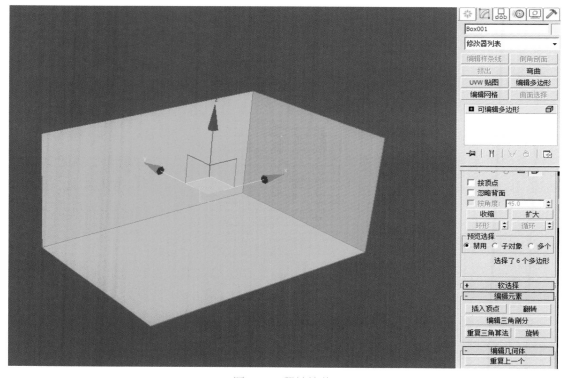

图2-52 翻转法线

小贴士

在制作室内效果图时，通常将玻璃删除，因为玻璃会挡住阳光进入室内，且窗玻璃本身是透明无色的。

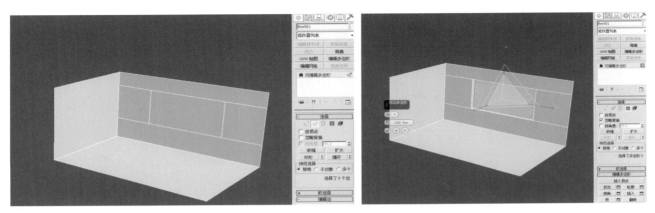

图2-53　创建窗户

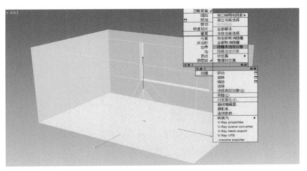

图2-54　独立窗户模型

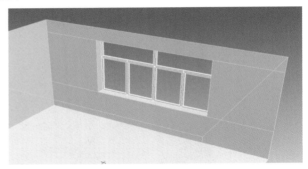

图2-55　制作窗框

4. 创建吊顶

（1）如图2-56所示，通过面级别的插入命令制作边棚，选择边棚向下挤出2次。

（2）如图2-57所示，选中第一次挤出的列边，通过挤出（局部法线方式）制作灯槽。

5. 桥接

（1）如图2-58所示，用边级别连接命令在墙上开门，在外部制作一个套间，使用附加命令将房间合并。

（2）如图2-59所示，在新房屋内制作出门的边缘线。

（3）如图2-60所示，选择多边形级别，选择两个洞口，点击桥命令，桥接完成。

2.2.4　弯曲修改器

Bend（弯曲修改器）：该工具通过调整角度参数可以使物体产生任意轴向自由的弯曲效果。其参数如图2-61所示。

（1）Angle（弯曲角度）：可以指定弯曲程度的参数。

（2）Ditection（弯曲方向）：可以改变弯曲方向的参数。

（3）Bend Axis（弯曲轴向）：可以控制弯曲效果在哪个轴出现的参数。

下面我们通过一个旋转楼梯的建模练习来了解Bend与其他建模功能的综合应用。

1. 绘制楼梯侧剖面图

（1）创建矩形。如图2-62所示，在前视图中利用创建面板创建一个矩形，

制作旋转
楼梯视频

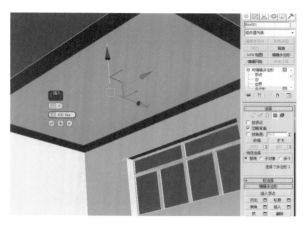
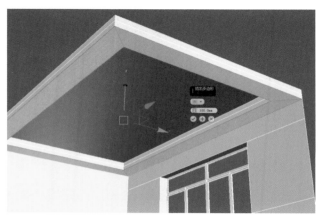

图2-56 挤出边棚

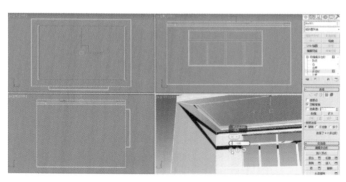

图2-57 制作灯槽

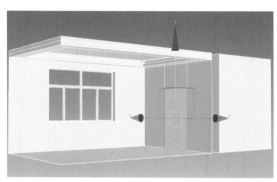

图2-58 制作套间模型

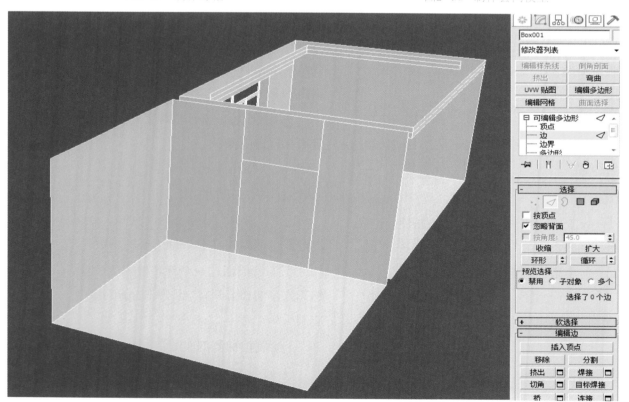

图2-59 绘制门边缘线

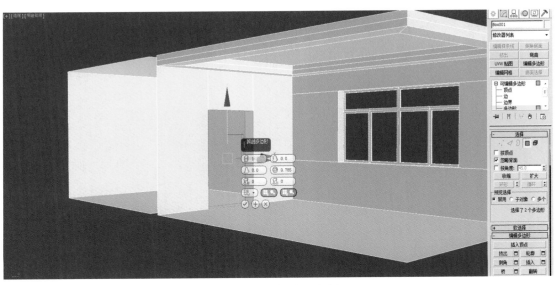

图2-60　桥接沟通空间

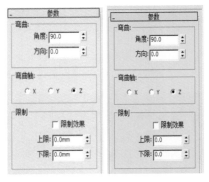

图2-61　Bend参数

图2-62　创建矩形

长为150 mm，宽为300 mm。

（2）复制移动矩形。如图2-63所示，使用快捷键【Ctrl+V】复制出右侧矩形，并右击移动命令激活数值偏移，进行屏幕坐标的横移。

如图2-64所示，打开捕捉开关选中2.5维捕捉，点击右键，勾选顶点、中点。

（3）画出楼梯侧面形状。如图2-65所示，打开创建面板选择样条线，再选择次级菜单中的线，按住快捷键【I】配合滚轮推着画，闭合样条线。删除辅助线，画出的剖面图如图2-65所示。

（4）拆分楼梯侧面底部线段。如图2-66所示，选中斜线选择线段命令，再选择拆分。

2.挤出楼梯

如图2-67所示，打开修改面板选择挤出，挤出数量为1500 mm。

暗藏灯带是利用一个灯槽挡住光源从而形成间接照明，故而需要制作一个灯槽。

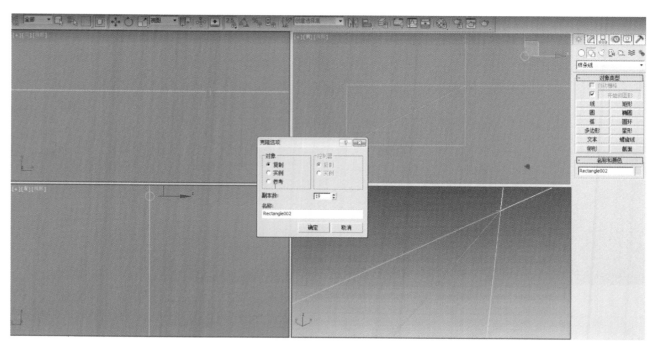

图2-63　复制移动矩形

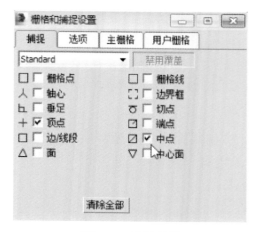

图2-64　捕捉设置

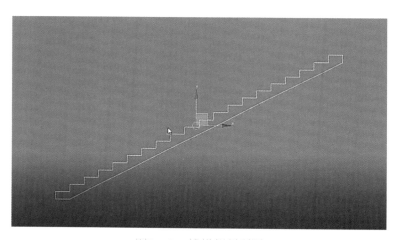

图2-65　楼梯侧剖面图

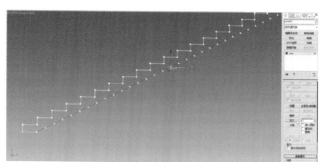

图2-66　拆分楼梯侧面底部线段

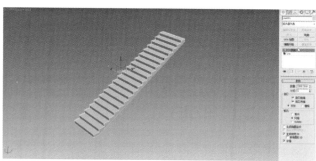

图2-67　挤出楼梯

3.绘制栏杆

如图2-68所示，打开创建面板，创建一个长为1000 mm、宽为20 mm的标准基本体，将长方体调整到图2-68中所示位置，使用快捷键【Ctrl+V】复制出右侧矩形，并使用右击移动命令激活数值偏移，进行屏幕坐标的横移（复制19个）。

4.制作扶手

（1）绘制扶手拾取路径。如图2-69所示，绘制扶手的拾取路径，打开创建面板选择样条线，再选择次级菜单中的线，拾取第一根栏杆的中点向上画出扶手的拾取路径。

（2）绘制扶手侧剖面图。如图2-70所示，打开创建面板，找到样条线，绘制一个长为40 mm、宽为100 mm的矩形，使用编辑样条线下的点级别增加几个点，通过圆角命令使其变得圆润。

（3）拾取扶手侧剖面图。如图2-71所示，打开创建面板下的几何，选择三维物体，选择下拉菜单中的复合对象下的放样命令，获取图形下的拾取。点击修改面板下的图形，打开角度捕捉开关，旋转90°。再打开蒙皮参数，将参数指定为30，将图形步数定为3，重复上述操作，将另一端扶手复制出来。

（4）楼梯弯曲。如图2-72所示，打开显示面板，找到图形下的隐藏，找到组，成组，弯曲轴定为x轴，弯曲角度为180°。

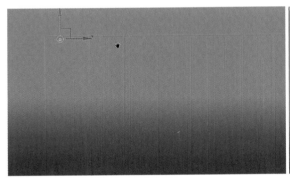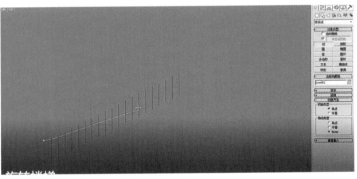

图2-68　绘制栏杆

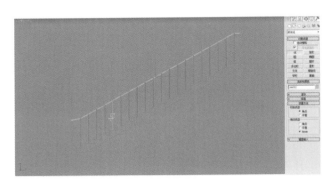

图2-69　扶手拾取路径

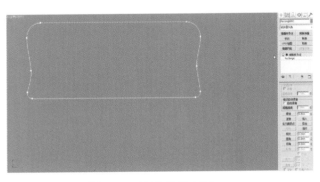

图2-70　扶手侧剖面图

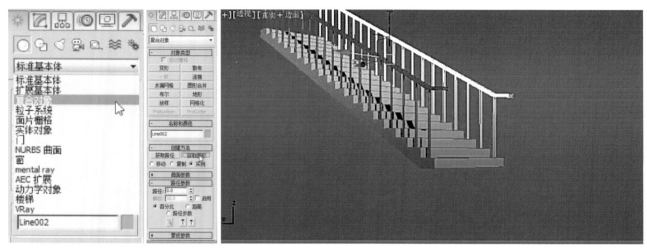

图2-71　制作扶手

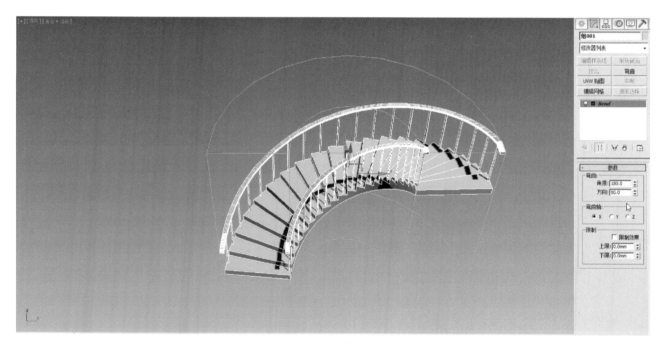

图2-72　楼梯弯曲

楼梯的尺寸通常参考人体工程学内的人体结构尺寸设置，例如楼梯踏步深度在300 mm左右，即参考人体脚掌长度进行设置。

在不同视图中创建的物体，弯曲轴各不相同，可通过多次尝试获得正确的弯曲轴向。

2.2.5　自由变形工具

FFD（自由变形工具）：是一个群组命令，由FFD（box）、FFD（cyl）、FFD（4×4×4）等工具构成。其操作原理是利用控制点次物体对三维物体进行移动、旋转、缩放等操作，从而产生柔和、变形的效果。而上述几个工具的差异主要体现在对不同类型物体的操作上。例如：FFD（box）较适合一些方正、规则的物体的操作，而FFD（cyl）较适合一些不规则或者自然物体的变形。在装饰建模中主要用于一些柔软的家具或配饰的调整工作。具体参数如图2-73所示。

（1）Control Points（控制点）：FFD变形工具通常是通过对控制点进行操作，从而影响形体的结果。

（2）Set Number of Points(设置控制点的数量)：通过这个选项可以激活控制点的数量控制对话框，可以根据不同

的控制点需求来设定控制点的数量。

（3）Conform to Shape（包裹到模型）：使控制点收缩包裹到物体表面，和物体的表面形状相符合，从而利于编辑。

2.2.6　噪波工具

Noise（噪波工具）：它是用一种类似声波的能量干扰物体表面，引起物体表面褶皱变形的工具，适合制作较自然的不规则物体。其参数如图2-74所示。

（1）Seed（随机种子数）：通过本选项可以产生随机模型变化，需要注意的是本选项的数值大小并不代表噪声变化的强弱，只是一个序号而已。

（2）Proportion（比例）：通过本选项可以决定模型面之间变形的剧烈程度，数值大则变化较和缓，而数值小则变化较剧烈。

（3）Strength（强度）：本选项可以调节在三个轴向上指定模型受噪声干扰的程度。

图2-73　FFD参数

图2-74　Noise参数

本 / 章 / 小 / 结

　　软件的学习通常包括理解、掌握和灵活应用几个阶段。本章讲解了几个设计中常见的模型的制作，将软件基本命令与实际操作结合起来，通过学习案例即可掌握修改器的操作原理和主要参数的设置，并能够与设计专业的其他课程（人体工程学、建筑基础等课程）结合起来，完成知识体系的系统化构建，学以致用。

思考与练习

1.利用修改器，结合本章所学，尝试制作一个生活中的室内场景。

2.请思考所学模型的分段数量在具体操作中的运用。

3.尝试使用本章所学命令制作一个古典静物。

第 3 章
家居空间整体模型制作

扫码观看
本章核心内容

章节导读

本章将通过临摹图片的方式，完成一个欧式的家居空间模型制作。通过建立墙体模型、制作吊顶、导入家具、导入软装模型等操作来体验前两章内容在实际设计工作中的应用方法，以便在临摹的过程中熟悉命令的应用，并积累建模经验。

3.1 匹配透视

3.1.1 单位设置

如图3-1所示，点击自定义，将尺寸设置为毫米，使单位统一。

3.1.2 导入参考效果图

（1）如图3-2所示，打开视图菜单，点击视口背景，点击配置视口背景按钮，激活视口配置菜单，找到背景选项，勾选使用单位，点击文件按钮。

匹配透视
操作视频

小贴士

（1）如果制图单位不设定为毫米，在渲染、贴图、模型后续制作、模型导入中会出现部分无法匹配的情况，从而毁掉整个效果图，所以制图的第一步是设置单位。

（2）打开视图背景菜单的快捷键为【Alt+B】。

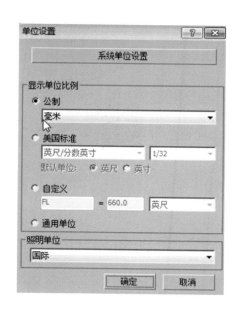

图3-1　单位设置

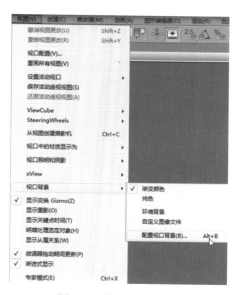

图3-2　视口设置菜单

（2）打开图书素材第三章文件夹中的第三章案例，取消勾选序列文件，找到临摹的效果图并导入。如图3-3所示即为所需临摹的效果图。

（3）如图3-4所示，点击打开按钮，勾选匹配位图选项，点击确定。

（4）如图3-5所示，为插入临摹图的效果。

3.1.3　创建室内空间

（1）切换到顶视图，点击创建面

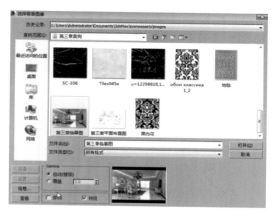

图3-3　导入临摹效果图

板下的标准基本体中的长方体，创建一个长为8000 mm、宽为4800 mm、高为2900 mm的长方体。

（2）选择该模型，点击右键转换为可编辑多边形。

（3）如图3-6所示，点击元素级别按钮之后点击翻转按钮。

（4）点击对象属性，然后勾选背面消隐，如图3-7所示。

3.1.4　创建摄影机

（1）如图3-8所示，点击创建面板之后点击摄影机按钮，选择目标摄影机，在顶视图创建一个摄影机。

（2）右键切换到透视图，按快捷键【C】切换到摄影机视角，选中摄影机对其高度进行调整。切换到前视图，右键点击移动按钮，将 y 轴高度指定为1200 mm。

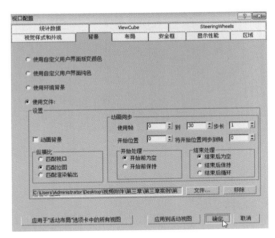

图3-4　勾选匹配位图选项

图3-5　完成效果

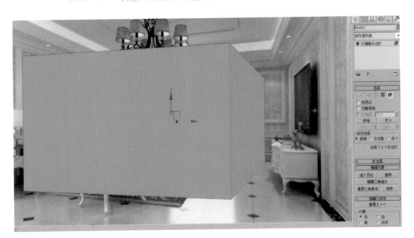

图3-6　翻转法线

图3-7　背面消隐

小贴士

在房屋框架刚刚建立的时候就设立摄影机可以只制作摄影机视角范围内的模型，节约场景面数和制作时间。

3.1.5 修改视域

（1）如图3-9所示，点击摄影机机身及修改面板，将摄影机镜头设置为20 mm。

（2）如图3-10所示，点击视图按钮并选择线框模式显示，通过屏幕操作工具对其进行大致调整，并调整摄影机位置使视角与图3-11一致。

（3）如图3-12所示，选中摄影机镜头点，点击右键，选择应用摄影机校正修改器，使墙边垂直于地面，即校正了摄影机。

（4）如图3-13所示，切换到顶视图，调整摄影机角度，使用屏幕操作工具并调整摄影机位置，调整最终构图使之与临摹效果图相符。

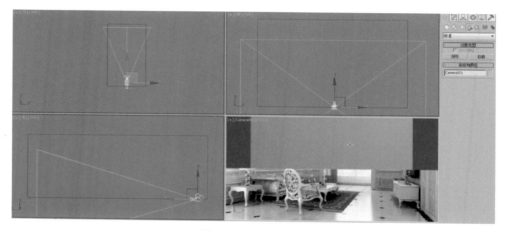

图3-8 创建摄影机

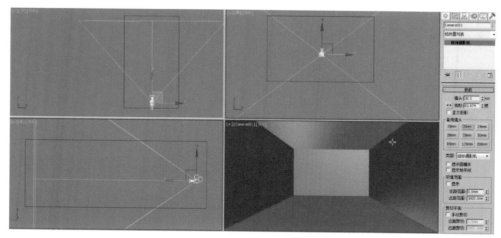

图3-9 修改视域

通过仿照临摹效果图的构图，初学者积累了设置摄影机的技巧，学习如何确定视点、视高和视域。

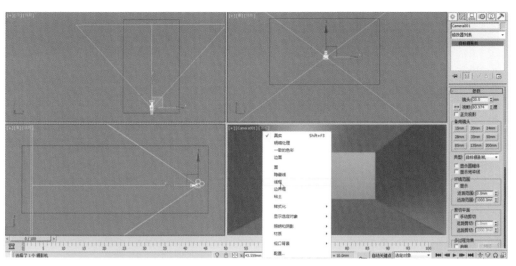

图3-10　视图按钮

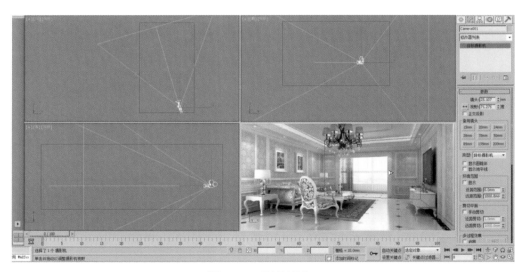

图3-11　调整视角

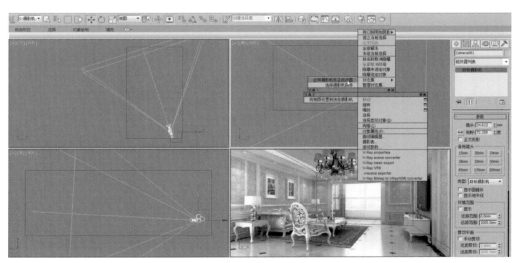

图3-12　校正摄影机

图3-13 完成图

捕捉快捷键
为【S】。

3.2 创建阳台

3.2.1 创建门口

如图3-14所示，连接两条纵向的边。在下方坐标处的z轴处输入2300 mm，再次连接两条横向的边。

3.2.2 创建阳台

（1）如图3-15所示，利用创建面板在透视图中创建一个长方体，长为1400 mm，宽为4800 mm，高为2900 mm，再利用捕捉拖曳出一个等宽的长方体。

（2）修改阳台位置。如图3-16所示，使用对齐命令将创建出的阳台对齐。使用右击移动按钮激活数值偏移，进行屏幕坐标的横移。

（3）偏移移动。如图3-17所示，使用右击移动按钮激活数值偏移，进行屏幕坐标的横移。

3.2.3 合并模型

（1）合并模型。如图3-18所示，在修改面板中点击附加命令，使阳台附加到屋子并对其进行法线翻转。

（2）连接边。如图3-19所示，连接横向边（在下方坐标轴z轴处输入数值2300 mm）与纵向的边。

（3）对齐边。如图3-20所示，在修改面板中选择点级别，在顶视图中，通过捕捉命令与锁定轴向命令进行边的移动。

（4）桥接空间。如图3-21所示，在修改面板中选择多边形级别，对两个面进行加选，使用桥命令。

对齐快捷键
为【Alt+A】。

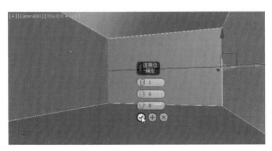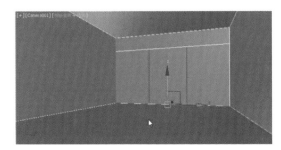

图3-14 创建门口

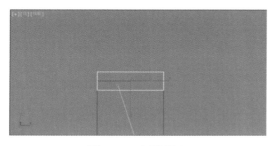
图3-15　创建阳台

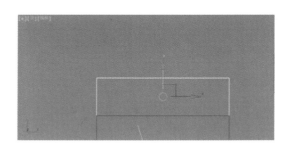
图3-16　修改阳台位置

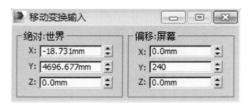
图3-17　偏移移动

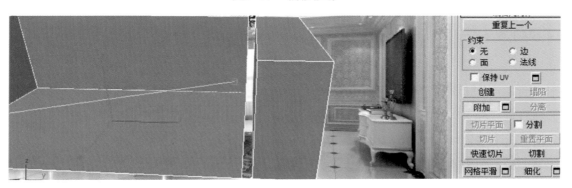

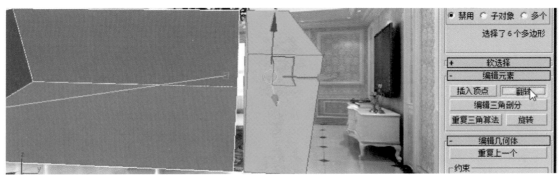
图3-18　合并模型

图3-19　连接边

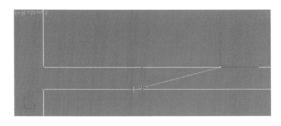

图3-20 对齐边

图3-21 桥接空间

创建窗户
操作视频

3.3 创 建 窗 户

3.3.1 创建窗户的边

（1）创建窗台及过梁。如图3-22所示，选中模型，点击创建面板中可编辑多边形的边级别，选中阳台所在的边，点击右键连接。

（2）定位窗台及过梁。如图3-23所示，将下部阳台的位置进行指定，在z轴上输入数值400 mm。

将上部阳台的位置进行定位，根据图片的位置估测高度为2500 mm。

（3）制作墙垛的边。如图3-24所示，定好窗台及过梁的边后，利用左右两条边进行墙垛定位（若想两边同时移

动，可选择工具条栏里的均匀缩放工具，缩放中心点）。

3.3.2 挤出墙体厚度

（1）挤出。如图3-25所示，选中可编辑多边形中的面级别，点击右键按多边形方式挤出，挤出数量为-200 mm。

（2）分离。如图3-26所示，将面进行分离，关掉次物体，点击可编辑多边形面级别里的分离命令。关闭次物体后，点击右键隐藏选定对象。

3.3.3 分割窗户后挤出厚度

（1）连线。如图3-27所示，按照窗户的大致形态进行分割连线，定窗高为900 mm，框选三条边进行连接。

（2）边框厚度。如图3-28所示，选

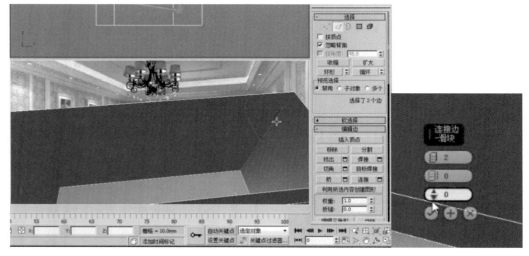

图3-22 连接窗台及过梁

中面级别右击插入，按组方式插入50mm。

（3）挤出。如图3-29所示，选中物体，点击右键选中挤出，按多边形级别挤出，挤出数量为-20mm。

（4）将玻璃的面删除，最后完成效果如图3-30所示。

玻璃的面要删掉，否则会挡住光进入室内。

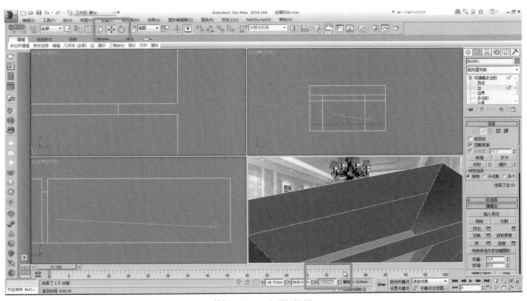

图3-23 上下窗线

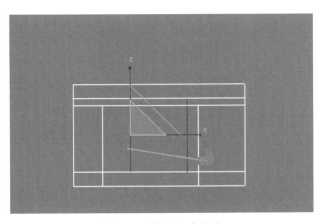

图3-24 绘制左右窗线

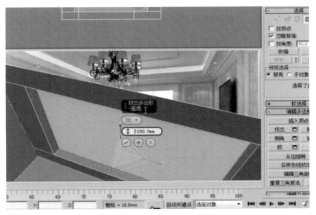

图3-25 挤出

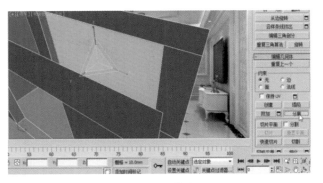

图3-26 分离

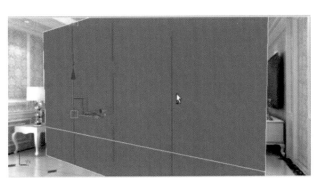

图3-27 连线

小贴士

使用键盘控制坐标方式的快捷键为【Ctrl+Shift+X】。
切换轴向快捷键：F5为x轴，F6为y轴，F7为z轴，F8为平面移动。

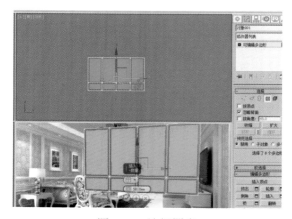

图3-28 边框厚度

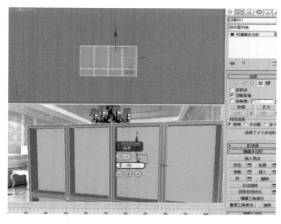

图3-29 挤出

图3-30 完成效果图

3.4 棚线制作

3.4.1 了解棚顶结构

对棚顶结构的剖析如图3-31所示，棚顶可以分为四个部分。

（1）筒灯所在的原始立面。

（2）墙角与棚面相交的棚角线。

（3）位于吊棚立面的檐口。

（4）位于顶面的装饰线及内圈两层装饰线。

以上四部分综合构成了吊顶。

我们根据刚才的分析来进行分解性的制作。

3.4.2 创建原始棚面

（1）如图3-32所示，首先在顶视图合适位置使用矩形工具来对吊顶进行区分。打开2.5维捕捉捕捉房屋的外框。

（2）如图3-33所示，选中图形，选择修改面板，点击边级别，切换到透视图，选择顶面的边，这样便于对棚线的选择和制作。选择顶面的任意两条边进行连接，边数定为2。

（3）如图3-34所示，使用缩放工具对棚顶线进行大概定位，定为500～600即可。

（4）如图3-35所示，重复以上步骤，将两条红边进行连接并再次进行缩放。

（5）激活安全框。如图3-36所示，将视口切换为透视图，用快捷键【Shift+F】激活安全框，选择渲染设置，调整渲染视口尺度，调节位置。

3.4.3　挤出棚顶

如图3-37所示，选择可编辑多边形中的元素级别，使用右键挤出命令，挤出数量为220 mm。

3.4.4　绘制棚线

如图3-38所示，切换回顶视图，选择创建面板中样条线的矩形，用矩形命令绘制一圈檐口线，再更改长度为6000 mm、宽度为3000 mm，绘制一圈棚线，再绘制第二圈棚线，将长度改为4800 mm，宽度改为2000 mm。

制作棚线
操作视频

图3-31　了解顶棚结构

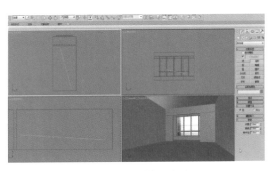

图3-32　捕捉吊顶

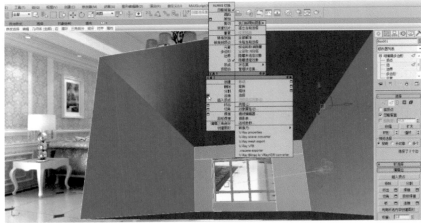

图3-33　连接棚线

55

56

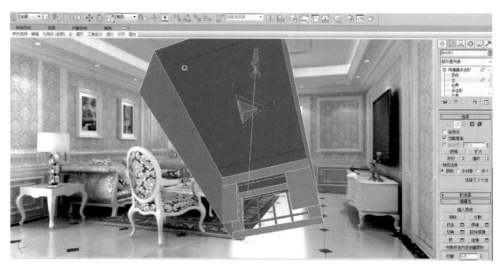

图3-34　定位栅线

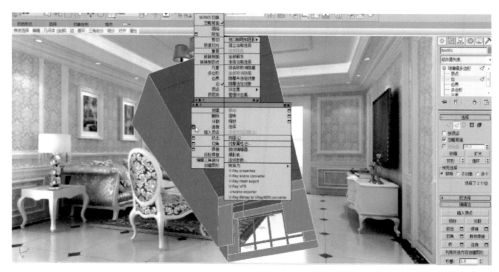

图3-35　缩放栅线

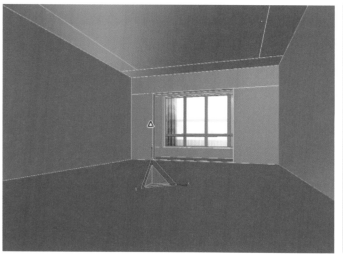

图3-36　激活安全框

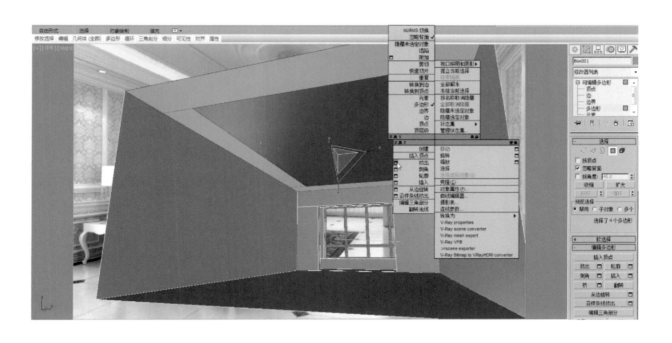

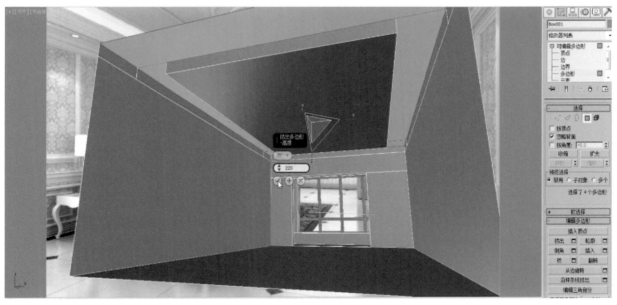

图3-37 挤出棚顶

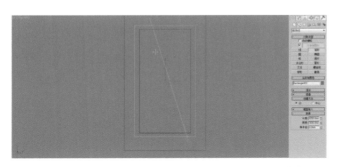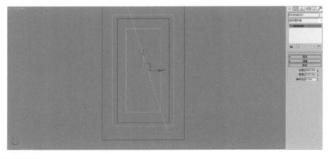

图3-38 绘制棚线

选中顶棚的面
应该向下挤出，
这样能够保证
房屋的原始高
度不变。

3.4.5　搭配线型

（1）如图3-39所示，找到文件点击导入下的合并，打开图书素材中的线型。

（2）如图3-40所示，导入时勾选全部文件，并选择几何体、图形、组等几个勾选项，导入相应章节附带的剖面文件，选择三款合适的线型。

（3）如图3-41所示，切换到左视图，利用2.5维捕捉将截面参考图匹配到合适的位置。

3.4.6　拾取剖面

（1）如图3-42所示，使用创建二维线命令将剖面重新描绘，点击修改面板找到顶点命令，通过线的编辑命令使画出的线与参考曲线相符，关掉次物体，开始进行放样。

（2）如图3-43所示，选择图形方式，选择修改面板下的倒角剖面命令，在左视图拾取绘制的剖面。

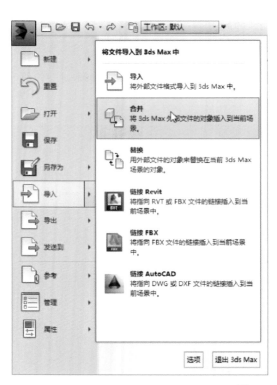

图3-39　打开线型

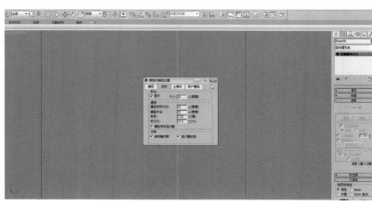

图3-40　选择线型

（3）如图3-44所示，对剖面的方向进行调整，选择剖面Gizmo，打开旋转，在z轴上进行旋转，使其方向与棚顶相符。

（4）如图3-45所示，打开2.5维捕捉，选择几何体方式，移动Gizmo，使剖面与图形相合。

（5）如图3-46所示，重复上述步骤，继续绘制顶棚装饰线，丰富棚面，完成棚线制作。

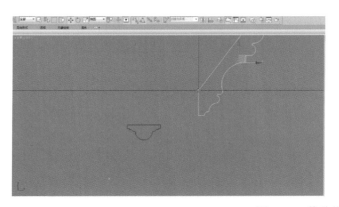
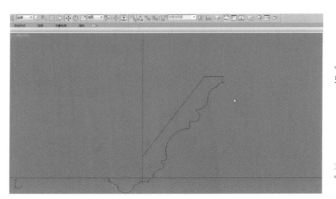

图3-41　移动线型至合适位置

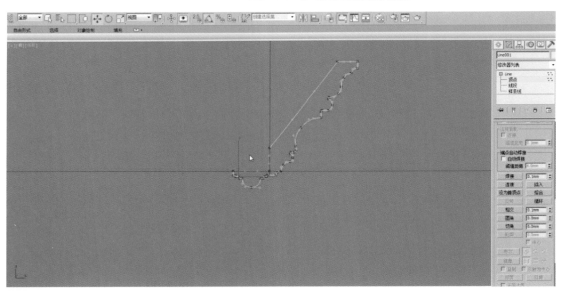

图3-42　拾取剖面

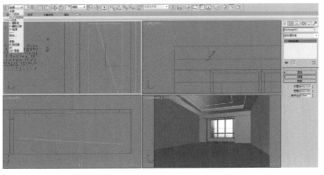
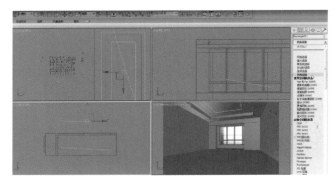

图3-43　倒角剖面

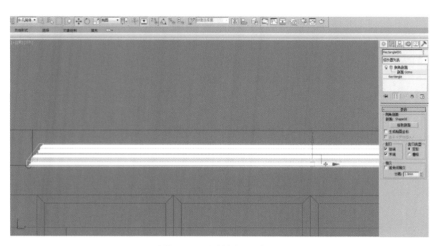

图3-44 调整棚顶方向

图3-45 调整棚顶位置

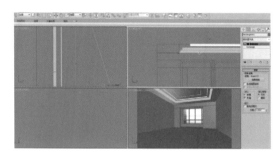

图3-46 丰富棚顶

导入模型
操作视频

导入时将灯光、摄影机、辅助对象、空间扭曲、骨骼对象五项取消勾选。

3.5 导入模型

3.5.1 消隐图中二维线

（1）如图3-47所示，为完善空间中的欧式造型线，选中显示面板中的图形将二维线消隐。

（2）如图3-48所示，找到菜单命令下的导入命令点击合并，找到第三章案例下的新建文件夹，选择需要导入的模型，依次进行导入。

（3）导入模型如遇到图3-49所示情况，勾选应用于所有重复情况后，点击自动重命名。

3.5.2 导入模型

如图3-50所示，选中模型，点击菜单中组下的组选项之后点击成组，完成对该模型的成组。

3.5.3 对齐

（1）如图3-51所示，按快捷键【C】回到摄影机视角，按快捷键【Alt+A】打开对齐工具，使用中心对中心方式对齐，将模型快速移入室内。

（2）对齐地面：如图3-52所示，在对齐时选中z轴进行对齐，使模型回归地面。

对齐墙面：利用捕捉和对齐工具，使模型对齐墙面。

（3）调整吊灯：如图3-53所示，使用捕捉及对齐命令，使吊灯对齐到顶棚。

小贴士

（1）软件显示窗口通常与渲染窗口尺寸不符，导致渲染误差，打开安全框可以保证视口与渲染一致。

（2）徒手绘制的剖面往往具有随机性，不是常见的施工线型，因此在平时应该多积累各种空间的装饰线型。

图3-47 消隐二维线

图3-48 导入模型

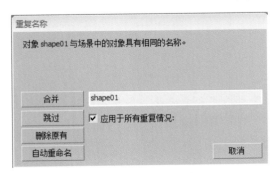

图3-49 自动重命名

图3-50 导入模型成组

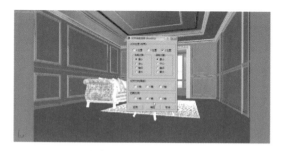

图3-51 找回模型　　　　　　　　图3-52 对齐位置

图3-53 对齐吊灯

3.5.4 缩放

使用相同方法导入其他物体。对于过大的模型通常需要找一个参考物进行缩放，如图3-54所示，画一个参考的

圆，点击缩放按钮对灯进行缩放。

3.5.5 最终效果

如图3-55所示，为模型导入的最终效果。

小贴士

模型通常要紧贴所依附的界面，尤其是地面，不然在渲染时会出现模型阴影和地面分离的情况，产生漂浮感。

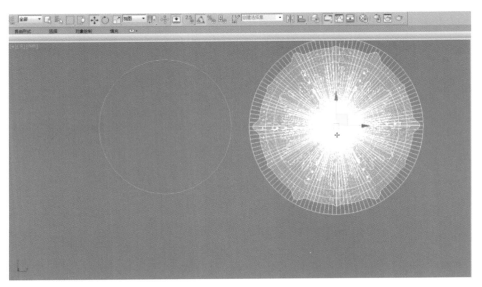

图3-54　缩放

图3-55　最终效果

本 / 章 / 小 / 结

　　本章讲述了欧式家居空间的建模步骤，整体可以分为房屋构架制作、硬装制作、软装及家具导入三个部分。在建模过程中不仅要掌握命令参数，而且要体会建模后的尺度、比例、位置、物体之间的穿插遮挡关系、不同风格家具模型的选择、软装选择等内容，并学习设计者的制图经验，从而将软件表现和设计思维系统化。

思考与练习

1. 制图过程中，应该在什么阶段放置摄影机？

2. 系统单位对建模的作用有哪些？

3. 家具如果和地面不对齐会产生什么后果？

4. 在5个小时内完成本章所学模型制作。

5. 分别寻找10个棚角线截面、踢脚线截面、门口线截面、画框截面图形。

扫码观看
本章核心内容

第4章
家居空间
材质模拟

章节
导读

3ds Max 材质的作用是在模型这一载体上进行肌理的表现以及物体本身物理属性的模拟。通过这种模拟功能，不但可以实现模型中不能或者很难实现的效果，而且可以大大提高制图的效率。

3ds Max 中的材质功能十分复杂和强大，但随着 V-Ray 等渲染插件的出现，传统 3ds Max 部分功能被替代，因此本章只对 3ds Max 中初步的参数进行讲解，其他内容则详见V-Ray材质内容，并通过观看材质模拟操作流程的视频，了解正确的材质赋予流程。

4.1 3ds Max 材质编辑器介绍

4.1.1 3ds Max 材质基本参数

3ds Max 中的材质赋予主要是通过材质编辑器来实现的，点击键盘上的【M】键可激活材质编辑器菜单。

材质编辑器主要由材质样本框（图4-1①）、材质工具（图4-1②）、材质的卷展项（图4-1③）三部分构成。

材质介绍
视频

68

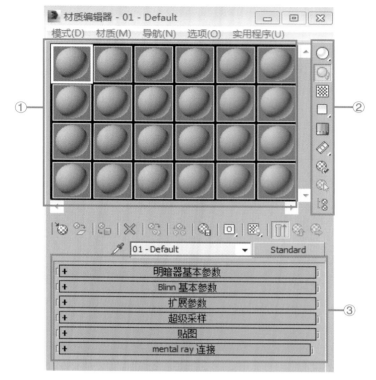

图4-1　材质编辑器

1. 材质样本框

材质样本框的主要功能是观察材质的调节状态以及材质和场景之间的关系。每一个单独的球体代表一种材质的状态。通常一个材质球有三种状态，如图4-2所示。

（1）未被选择的热材质。该状态表明本材质球已经被场景中的物体使用，但被赋予该材质的物体目前处于未选择

状态（图4-2（a））。

（2）被选择的热材质。该状态表明本材质球已经被场景中的物体使用，并且被赋予该材质的物体目前处于选择状态。可以通过这种状态了解模型被赋予了哪种材质（图4-2（b））。

（3）冷材质。这种状态的含义是本材质球未被使用，可以被继续编辑（图4-2（c））。

2. 材质工具

材质编辑器中的材质调节是通过材质工具实现的，装饰表现中常用的材质建模按钮有以下几种。

（1）材质赋予按钮：将选中的材质赋予模型，从而建立二者之间的关联关系。

（2）删除材质按钮：删除材质球的材质，切断材质球与模型之间的关联关系。

（3）显示材质按钮：用于在场景中显示材质球的编辑状态。

（4）向上切换按钮：用于切换材质之间的上下级状态。

（5）平行切换按钮：用于切换材质之间的同级别状态。

可以用右键点击材质球，设定材质球的数量，也可以双击材质球，使其变大。得到较清晰的材质预览效果。

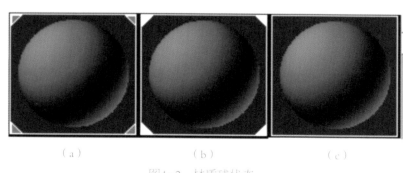

（a）　　　　　（b）　　　　　（c）

图4-2　材质球状态

（6）材质筛选按钮：按照材质的赋予状态选择模型。

（7）材质背景按钮：用于显示材质背景，通常用于观察反射、折射及透明物体。

（8）吸管工具按钮：利用该工具可以吸收场景中模型的表面材质。

（9）`01 - Default` 材质名称：通过此项可设置材质球的名称，从而方便识别。

（10）`Standard` 材质类型：点击物体名称右侧的Standard按钮可以激活3ds Max的材质类型列表。

3. 材质的卷展项

如图4-3所示，在材质工具的下方是一些隐藏的下拉菜单，其中的选项分别列出了材质编辑器的不同分项内容，称之为卷展项。在室内装饰表现中常用的卷展项是Shader Basic Parameters、Blinn Basic Parameters以及Maps。

（1）Shader Basic Parameters（明暗器基本参数）。是指定本材质的明暗对比和属性的参数面板，如果利用3ds Max本身的材质选项进行材质模拟，可以理解为决定材质的物理属性的参数。

如图4-4所示，本卷展项同时带有四个特殊效果的勾选项，分别是Wire、2-Sided、Face Map和Faceted。

① Wire（线框材质）：利用材质模拟的方式，根据模型本身的网格制作线框式的材质。制作类似金属框架等材质。

② 2-Sided（强迫双面）：模型由于法线关系，一般只显示一个方向的表面，勾选此项可以使物体双向显示，通常配合透明且有高光的材质使用。

③ Face Map（面贴图）：赋予物体的每一个面指定贴图，使用频率极低。

④ Faceted（平面方式）：取消该模型面与面之间的光滑状态，呈现一种类似切面物体的状态。

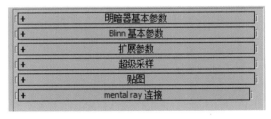

图4-3　卷展项

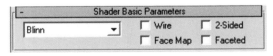

图4-4　明暗器基本参数

3ds Max 的材质与贴图功能看起来非常相似，但是材质是从混合方式、软件方式、材质叠加方式等根本属性上改变材质球，而贴图只是在单一的贴图通道改变材质的一种属性。

（2）Blinn Basic Parameters（Blinn基本参数）。本卷展项是Shader Basic Parameters参数的一个延续。如明暗方式选择Blinn方式，则下面的卷展项即叫做Blinn Basic Parameters，而其中的参数也是按照Blinn方式进行设定的，如图4-5所示。

① Diffuse(固有色选项)：固有色是白色阳光下物体呈现出来的色彩效果总和，通过本选项可以激活一个 3ds Max 的拾色器改变物体的固有色，一般表面没有贴图的物体通常通过此项指定固有色，如图4-6所示。

② Self-Illumination(自发光)：本选项是模拟物体自身的发光效果。由0至100构成一个区间，0代表不产生自发光效果，而100代表最强的自发光效果，也可以勾选该选项，激活拾色器指定自发光效果。通常用来模拟灯具产生的光源，但不对周围物体产生照明效果。

③ Opacity(透明度)：控制物体透明度的选项，0为完全透明，100为不透明。

④ Specular Level(高光强度)：通过本选项可以调节物体材质的高光强度。

⑤ Glossiness(光泽度)：通过本选项可以调节高光的范围。

⑥ Soften(柔化)：可以使高光产生柔和过渡的效果。

（3）Maps（贴图通道）。如图4-7所示，3ds Max 中的贴图通道是将材质的各个属性单独设立，可以加入各种贴图类型，形成各种特殊效果的选项。点击任何一个通道右侧的None按钮即可指定该通道的贴图类型。这个功能与点击材质工具按钮右侧的空白方块的功能是一致的。在装饰表现中，常用的贴图通道有以下几种。

① Diffuse Color（固有色通道）：固有色是物体在白色阳光下呈现出的色彩效果总和，故而赋予物体的纹理通常通过这个通道指定。本通道较常用的用法是通过Bitmap贴图模式引入一个外界的位图，模拟物体表面纹理。其参数代表固有色和位图的混合程度。

② Opacity（透明贴图通道）：通常与固有色通道配合使用，原理是通过一张与固有色通道一致的黑白贴图来产生遮挡效果，图片白色区域代表完全透明，而黑色区域代表不透明被遮挡，从而产生剪切图像的效果。比较图4-8中的

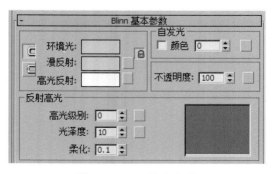

图4-5　Blinn基本参数

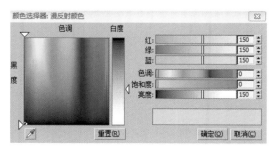

图4-6　3ds Max拾色器

A与图4-8中的B，可以看到图A只指定了一张固有色上的贴图，因此黑色的边缘挡住了后面的物体。而图B同时指定了固有色和透明度两个通道，则去除了黑色的边缘。

③ Bump（凹凸通道）：该通道利用图片的黑白信息产生物体表面凹凸起伏的模拟效果，正值代表较亮的区域向外凸起，负值代表较亮区域向内凹陷，通常配合固有色通道的贴图进行操作，效果如图4-9所示。

④ Reflection（反射通道）：是模拟物体表面产生折射效果的通道，随着技术的发展，3ds Max 默认常用的贴图类型有假反射贴图和光线跟踪两种。

a. Bitmap（假反射贴图）：它是利用一张位图模拟物体反射效果的贴图类

型，优点是速度较快，缺点是不能真实反射周围场景。

b. Raytrace（光线跟踪贴图）：它是常用的反射贴图类型，可以利用光线跟踪原理产生真实反射，贴图前方的参数代表反射的强度。缺点是速度较慢，但可以点击【F10】激活渲染菜单，通过修改Raytracer选项中的Maximun Depth参数，将渲染速度提高。

4.1.2　3ds Max 纹理贴图

1. Bitmap（位图）

位图是 3ds Max 的主要贴图类型，通过该贴图可以引进一张外界的位图（如图4-10所示，通常需要关闭Sequence序列图片选项），配合贴图坐

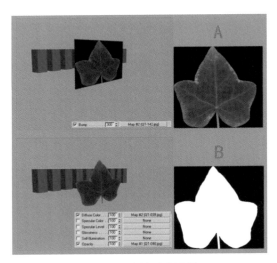

图4-7　贴图通道　　　　　　　　图4-8　透明通道效果

小贴士　　本部分主要讲解 3ds Max 标准材质的操作，除材质球窗口、材质工具、贴图通道等卷展项参数外都与V-Ray材质不同，但学习 3ds Max 材质的运用是学习V-Ray材质的基础，请大家根据需要进行掌握。

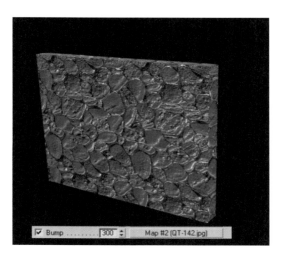

图4-9 凹凸通道效果

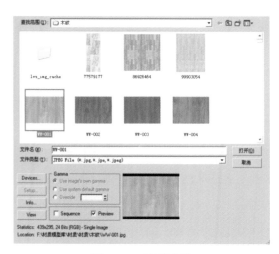

图4-10 贴图过程

标等功能来模拟物体的纹理状态，通常在固有色通道中使用，其基本参数如图4-11所示。参数解释如下。

（1）Offset（偏移）：利用该功能可以改变贴图在物体上的位置。

（2）Tiling（重复）：利用该功能可以改变贴图的重复次数。

（3）Bitmap（贴图位置）：点击后面的长方形按钮，可以重新指定贴图。

（4）View Image（预览图像）：点击该按钮可对已赋予的贴图进行预览，

勾选Apply选项后，可拖动其范围进行图像的剪切。

2. 贴图坐标调整

在 3ds Max 中，给物体表面赋予贴图时，必须加入贴图坐标，否则不能模拟出材质的密度、位置、方向等状态，而位于修改器列表中的UVW Map修改器就是解决这一问题的工具。如图4-12所示，其基本参数有以下几种。

（1）Gizmo（贴图轴）：它是贴图坐标修改器的次物体。通过移动、旋转或缩放此次物体可以改变贴图的位置、

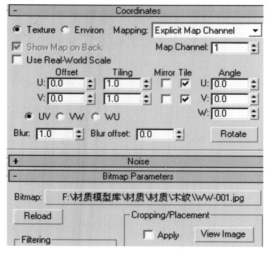

图4-11 Bitmap参数

图4-12 UVW Map参数

方向及尺寸三个属性。

（2）Mapping（贴图方式）：本部分包括模型与贴图间的包裹方式、贴图尺寸及UVW三个轴向上重复的数量三个控制组。

（3）Alignment（对齐方式）：本选项是改变贴图纹理与模型之间的对齐方式的选项。主要功能包括改变x、y、z三个轴向上的贴图方向及Acquire（获取贴图坐标）功能。

3. 木地板贴图模拟

（1）如图4-13所示，建立一个长和宽都是5000 mm的地面模型，并利用3ds Max的贴图功能赋予模型一个木地板材质。

（2）为模型指定UVW Map（贴图

坐标）修改器，同时切换至顶视图，按下快捷键【F3】将模型实体显示。观察该木地板材质的块数，按照每块75～120 mm进行计算，将最后结果输入到贴图坐标修改器的长度和宽度两栏，如图4-14所示。

（3）激活贴图坐标修改器的次物体，并对该次物体使用旋转命令，将其按z轴旋转90°，对材质的方向进行翻转，结果如图4-15所示。

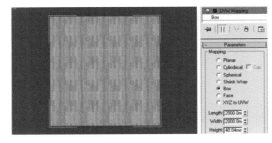

图4-14　贴图坐标调整

图4-13　赋予贴图

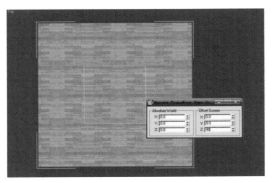

图4-15　贴图纹理调整

小贴士

贴图常用的包裹方式包括Planar（平面）、Cylindrical（圆柱）、Spherical（球体）和Box（盒子）四种方式；贴图尺寸包括Length(长度)、Width(宽度)和Height(高度)三个，用于调节贴图的尺寸；而UVW三个方向上的Tile（平铺）选项决定的是贴图的重复次数。

4.2 V-Ray 材质

在制图中，为了追求真实的质感，通常采用V-Ray材质。如图4-16所示，当激活V-Ray渲染器后，在材质编辑器的Standard按钮上点击激活材质浏览器，可以看到添加了很多V-Ray专用的材质，其中的VRayMtl、VRayMtlWrapper、VRayOverrideMtl是电脑绘制效果图时常用的材质类型。下面对其进行介绍。

1. VRayMtl（VR标准材质）

VRayMtl是V-Ray渲染器使用的独立材质。在激活渲染器后使用能够获得更加准确的物理照明，并且其渲染速度较快，反射和折射参数的调节也比较方便。其参数如图4-17所示。

VRayMtl的材质调节主要包括Basic Parameters（基本参数）和Maps（贴图通道）两个部分，由于贴图通道参数的使用与 3ds Max 标准材质内容基本重合，下面我们只介绍VR标准材质的基本参数。

① Diffuse（漫反射颜色）：可以通过此处修改物体颜色，还可以进行贴图，使用方式与3ds Max 默认材质相同。

② Reflect（反射倍增器）：通过修改反射的颜色可以得到不同的反射强度，颜色越浅，反射越强。也可以指定一张贴图，根据贴图的颜色信息管理反射的状态。

③ Highlight glossiness（高光光泽度）：通常呈锁定状态，点击旁边的L按钮，可以解除锁定，自行输入数值，数值高代表高光范围小，强烈而尖锐，数值低代表高光范围较大。

④ Rel.glossiness（反射光泽度）：即反射的模糊，数值越小反射的模糊越强烈，反之则模糊越微弱。需要注意的是这个选项的数值对运算的速度影响很大。

⑤ Subdivs（细分）：即对模糊的细分程度，数值低时会出现较强烈的噪点，数值越高则越细腻，但过高的数值会在很大程度上影响运算速度。

⑥ Use interpolation（使用插值）：激活这个选项会以使用插值的方式，提高模糊的运算速度，通常在运算复杂场景时使用。

⑦ Fresnel Reflections（菲涅耳反射）：当选中该选项时，光线的反射就像真实世界的玻璃反射一样。这意味着当光线和表面法线的夹角接近0°时，反射光线将逐渐减少至消失。

⑧ Fresnel IOR（菲涅耳反射率）：它决定了菲涅耳反射的折射率，数值越小则反射越明显。

⑨ Refract（折射倍增器）：它是决定折射的强度的选项，越接近白色折射越强，反之越弱。也可以在右侧的通道按钮上指定贴图，根据图像的颜色信息来指定折射强度。

⑩ Glossiness（折射光泽度）：降低本选项的数值可以产生折射模糊，但会影响运算速度。

⑪ Subdivs（细分）：决定折射模糊的细节选项，数值越大越精细，但影响速度。

⑫ Use interpolation（使用插值）：通过使用插值的方式提高折射模糊的运算速度。

⑬ IOR（折射率）：它是改变折射率的选项，数值越大，通过该透明物体的变形程度越大。现实世界中不同透明物体的折射率也不同。

2.VRayMtlWrapper（VR包裹材质）

如图4-18所示，在指定了基本的材质以后，如需改变材质对环境的影响，可以点击材质球名称右侧的材质按钮，加入VRayMtlWrapper进行包裹，这种材质的状态实际上就是将原有材质加入了一个表皮进行包裹，而通过对这个表皮上的内容进行编辑，可以改变被赋予该材质的物体对场景的影响。这种影响是通过下面两个选项进行调节的。

① Generate GI(产生全局照明)：决定该材质对场景中产生全局照明的影响程度，数值高代表被赋予该材质的物体对附近物体的明度及颜色影响较大，反之则代表影响较小，通常在室内设计中用于解决溢色的问题。

② Receive GI(接收全局照明)：决定该材质接收场景中产生的全局照明的程度。通常不进行改变。

4.3 家居空间材质模拟视频实战

本节主要讲解家装模型材质部分，通过演示让大家了解在 3ds Max 中材质是如何进行模拟的。由于最终渲染使用的是V-Ray，这里主要讲解V-Ray材质的运用。

在进行材质讲解之前，需要对材质有一个大致的认识。用人体比喻 3ds Max 中的各个部分，用骨骼来形容建模，因为建模是承载了材质以及灯光的客观载体，有了模型才能对材质的边界以及位

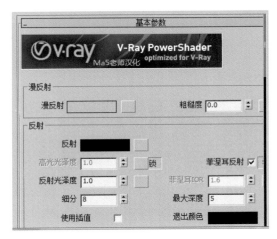

图4-17　VR标准材质参数

图4-16　V-Ray材质类型

图4-18　VR包裹材质参数

置进行指定。但如果用建模去做所有的工作会耗费大量时间，所以有了材质的补充，因此把材质比喻成人体的肌肉。利用摄影或扫描获取一些图片，将它们放入效果图中当做贴图来模拟物体表面的肌理、物理属性。

下面以图4-19所示空间为例为大家演示材质的赋予方式。

4.3.1　制作外景贴图

1. 创建模型

如图4-20所示，在顶视图中窗户外侧，横向创建一条弧线，长度大于室内空间的宽度。将它挤出一定高度，挤出的高度应大于室内空间高度，得到一个弧面，隐藏其他物体后，得到如图4-21所示模型。

2. 背面消隐

由于挤出的模型是双面状态，需将其转换为单面。选中模型，点击鼠标右键，选择对象属性，勾选背面消隐。得到如图4-22所示的模型，此时的模型只

有一个面是正面。

3. 翻转法线

此时的模型是一个相反的状态，需将模型的法线进行翻转。如图4-23所示，选中模型，右击鼠标将其转换为可编辑多边形。选择元素级别，点击元素级别下的翻转命令。

4. 指定材质

如图4-24所示，点击键盘上的【M】键，激活材质编辑器（材质编辑器的模式一般选精简模式，便于使用）。此时V-Ray渲染器还未激活，无法使用VR标准材质。

5. 渲染器设置

如图4-25所示，在菜单栏中点击渲染菜单，选择渲染设置（或使用快捷键【F10】）。在产品级中选择渲染器版本为V-Ray Adv。

6. 设定

如图4-26（a）和图4-26（b）所示，在材质样板框里，选择VR标准材

图4-19　参考图

图4-20　创建弧线

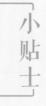

常见透明物体折射率如下：真空为1.0；空气为1.0003；水为1.333；清玻璃为1.5～1.7；钻石为2.417。

质。在漫反射命令下，选择材质浏览器中的位图命令，选择所需的贴图。

7. 贴图坐标

如图4-27所示，此时贴图在模型中未显示，需给模型添加一个贴图坐标。在修改器列表中选择UVW贴图命令，贴图类型选择长方体或者平面，贴图便会在模型上显示出来。移动外景贴图的位置，直至与室内空间相匹配。

8. 调节外景亮度

由于白天室外的光比室内的光亮，需对外景的亮度进行调节。如图4-28所示，此时，需将VR标准材质替换成VR自发光材质。将外景贴图粘贴到发光材质下，强度一般为4~5，颜色一般为冷色。

9. 外景贴图制作基本完成

如图4-29所示，外景贴图已应用到模型中。外景贴图应保持相对曝光的状态，因为外界自然光强度较大，过强的光会产生曝光过度的效果。

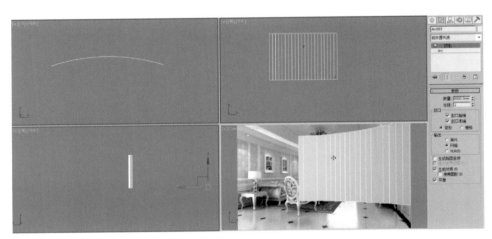

图4-21　挤出高度

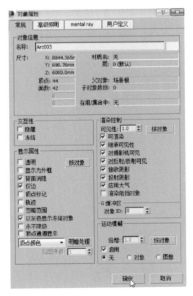

图4-22　勾选背面消隐

图4-23　转换为可编辑多边形

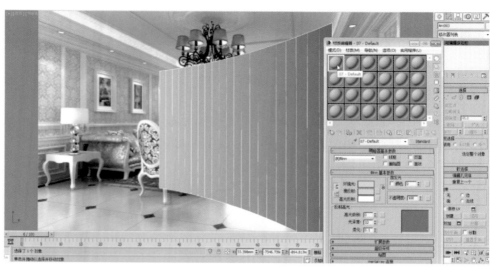

图4-24　指定材质

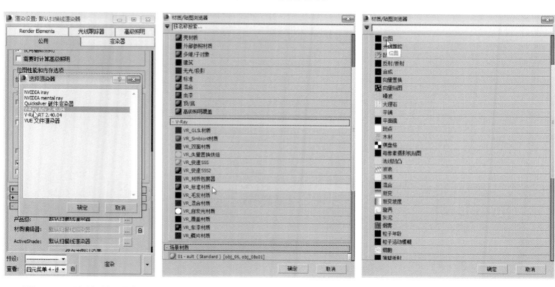

图4-25　渲染器设置　　　　　　　（a）　　　　　　图4-26　设定　　　　　　（b）

图4-27　贴图坐标

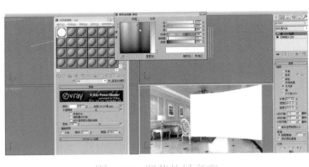

图4-28　调节外景亮度

图4-29　最终效果

硬装贴图
视频

79

4.3.2　硬装贴图

1. 制作地面材质

（1）如图4-30所示，在修改面板中选择多边形级别，选择地面，再选择分离命令，分离地面，并隐藏其他物体。

（2）转换为VR标准材质：如图4-31所示，打开材质编辑器，将其材质赋予地面，并转换为VR标准材质。

（3）选择贴图：如图4-32所示，点击漫反射旁的按钮选择位图选项，选择合适贴图。

（4）贴图设置：如图4-33所示，在修改面板中选择UVW贴图命令，修改其长度为800 mm，宽度为800 mm，点击修改面板中UVW贴图中的Gizmo级别对贴图进行移动。

（5）调整贴图参数：如图4-34（a）和图4-34（b）所示，打开材质编辑器，找到所选贴图的反射级别将亮度调整为60，反射光泽度调整为0.87，高光光泽度调整为0.85。

（6）调整波打线：如图4-35所示，将一个新的材质球转换为VR标准材质，点击漫反射旁的按钮选择位图。找到相应贴图，将其赋予波打线，在修改面板中选择UVW贴图命令，调整长度为

600 mm，宽度为600 mm。

2. 制作墙面材质

如图4-36所示，选择多边形级别，使用分离命令将墙面分离出来，隐藏其他物体，选择新的材质球赋予材质后，转化为VR标准材质，点击漫反射后的按钮，选择位图，找到合适贴图，在修改面板中选择UVW贴图命令，数值设置如图4-36所示。

3. 制作顶棚材质

如图4-37所示，选择棚面材质，隐藏其他物体。选择新的材质球赋予材质后，转化为VR标准材质，漫反射颜色调整至如图所示，再将其赋予石膏线。

4. 制作其他材质

如图4-38（a）和图4-38（b）所示，选择新的材质球赋予材质后，转化为VR标准材质。反射颜色及亮度调整至如图4-38所示，高光光泽度调整为0.62，取消勾选下方的跟踪反射，将其赋予门套。最终硬装贴图调整至如图4-39所示的状态。

4.3.3　软装贴图

模型分两种：一种是自身带有材质，另一种是不带材质。下面针对这两种情况分别进行处理。

软装贴图1
视频

80

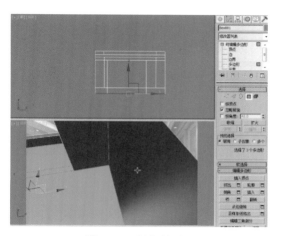

图4-30　制作材质

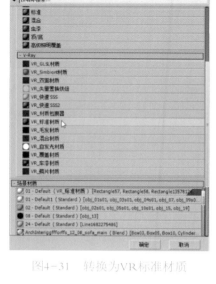

图4-31　转换为VR标准材质

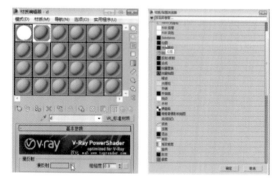

图4-32　选择贴图

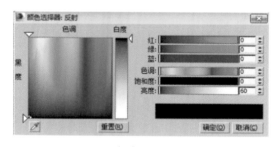

图4-33　贴图设置

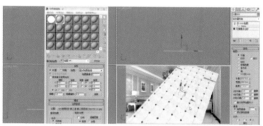

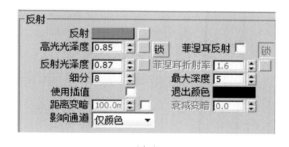

（a）

（b）

图4-34　调整贴图参数

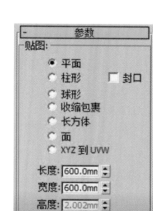

图4-35　调整波打线

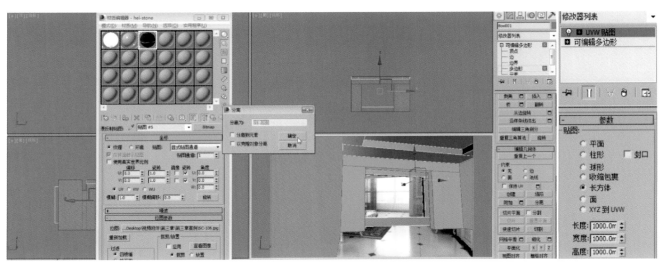

图4-36　制作墙面材质

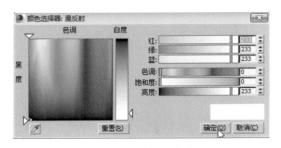

图4-37　调整漫反射颜色

1.自带材质模型贴图处理

（1）选中右边电视背景墙的一组电视柜，点击鼠标右键，选择隐藏未选定对象。按【P】键切换到透视图，再按【Z】键使物体最大化显示。

（2）如图4-40所示，为防止背景妨碍操作，鼠标左击明暗处理的按钮，选择视口背景，再选择环境背景消除参考图。

（3）选择目标模型，将组分解。点击工具栏中的组按钮选择解组，多进行几次，将物体单位最小化。

（4）然后按【M】键，打开材质编辑器，选择一个新的材质球。当前物体表面有材质，可直接拾取物体表面材

质，如图4-41所示。

（5）检查一下参数值，将细分值改为8，细分值决定模糊之后是否出现噪点，数值越小渲染速度越快，出现噪点。刚开始可让测试渲染快一些，默认数值为8。

（6）点击按材质选择选项，则被这个材质球赋予的物体都会被一次选中。鼠标右键点击物体，选择隐藏选定对象选项，被赋予材质的物体则被隐藏掉。如图4-42（a）和图4-42（b）所示。

（7）接下来拾取其他材质。选择一个新的材质球，点击拾取材质，再选择从材质选择。点击右键，选择隐藏选定对象。步骤同上。

（8）当拾取书本材质时，会出现多维材质，也就是一个材质球上有多种材质。若丢失贴图，则需要重新指定，如图4-43（a）和图4-43（b）所示。

2.无材质模型处理

（1）如图4-44所示，指定沙发白漆材质。

软装贴图2
视频

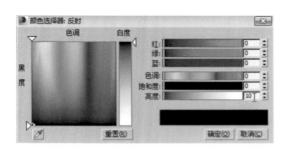

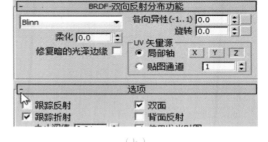

（a）　　　　　　　　　（b）
图4-38　反射与跟踪反射

图4-39　硬装贴图效果

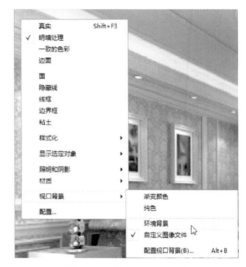

图4-40　选择视口背景

（2）如图4-45所示，指定地毯贴图，并将地毯漫反射贴图实例放到置换通道形成凹凸感。

（3）沙发材质：首先，选择多人沙发模型，赋予VR标准材质，并在漫反射通道赋予一个混合贴图，将颜色1与颜色2调节成如图4-46所示的状态，同时加入一个黑白的欧式花纹作为蒙版进行混合，从而形成漫反射贴图。

其次，点击鼠标右键将漫反射中的黑白蒙版贴图复制到反射通道中，形成烫银效果的假反射贴图，如图4-47所示。

（4）选择椅子模型，赋予VR标准材质，并将漫反射贴图改为混合方式，修改颜色1和颜色2，同时修改混合贴图，如图4-48所示。将反射贴图改为图书素材中那张黑白花的图片，如图4-49所示。

（5）如图4-50所示，调整烛台材

图4-41　对象拾取材质

质。赋予烛台VR标准材质，并将反射明度调整至100。再将反射光泽度调至0.91，高光光泽度调至0.64。

（6）油画材质调节。如图4-51所示，将油画边框赋予沙发的白漆材质。再为画心指定贴图，并将漫反射通道中的贴图实例复制至凹凸通道，从而获得真实质感。

（7）如图4-52所示，吸收灯罩材质并指定透明度、折射率。调节不锈钢台灯底座材质和玻璃吊坠材质，使其效

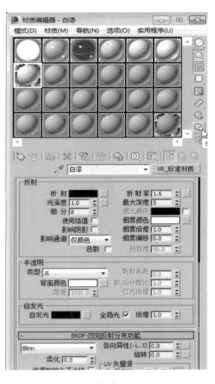

（a） （b）

图4-42 隐藏赋予材质物体

（a）

（b）

图4-43 重新指定

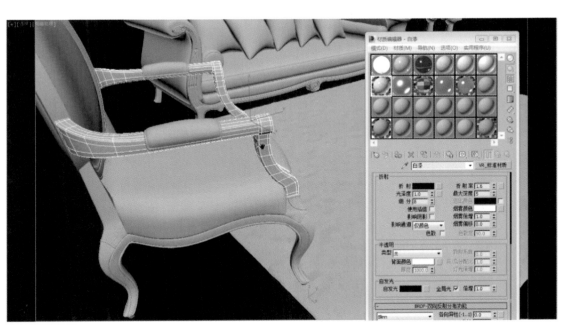

图4-44 白漆材质

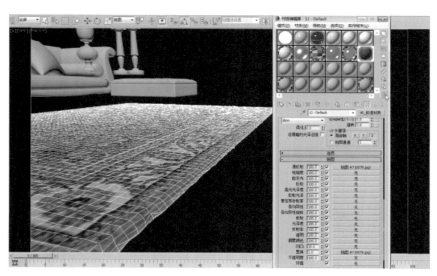

图4-45 地毯贴图

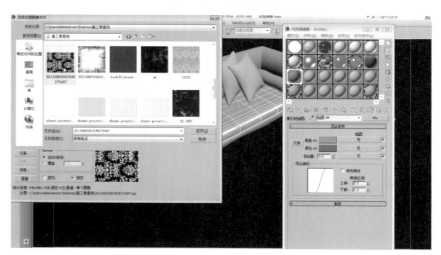

图4-46 沙发混合贴图

图4-47 沙发反射材质

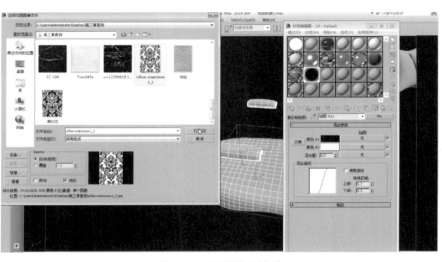

图4-48 椅子混合材质

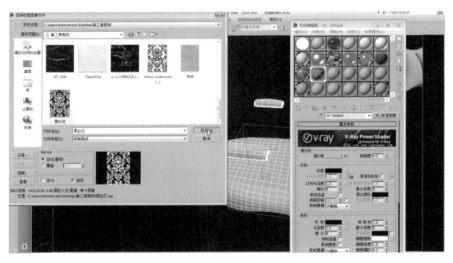

图4-49 椅子反射材质

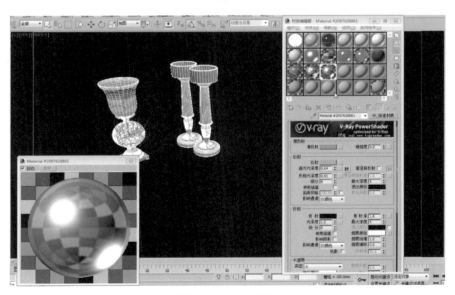

图4-50 烛台材质

果更加逼真。

（8）如图4-53所示，拾取吊灯固有材质，保持原有材质不变，同时检查和调整材质精度。

（9）如图4-54所示，制作筒灯材质。制作筒灯模型，将其放置到顶棚，同时指定VR自发光材质模拟光源。

（10）最终效果如图4-55所示。

图4-51 油画材质

图4-52 台灯材质

小贴士

V-Ray材质中的反射通道可以根据黑白色彩信息来调整反射的强度，黑色代表不反射，白色代表完全反射，因此可以通过导入贴图，根据贴图的黑白色阶来灵活调节反射强度。

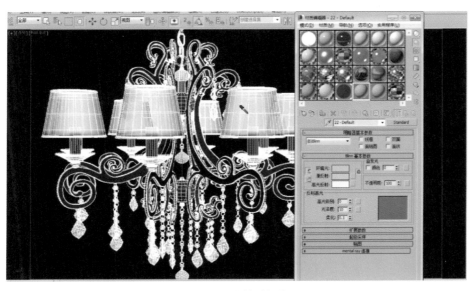

图4-53　吊灯材质

图4-54　筒灯材质

图4-55　完成效果

本 / 章 / 小 / 结

本章分两部分讲解材质，第一部分是对3ds Max标准材质与V-Ray材质的讲解，主要解决基本功能和参数含义的问题；第二部分是运用材质的实际操作，通过对给定家装空间模型进行材质整理，达到模拟材质物理属性和贴图的目的。

思考与练习

1. 创建一个任意大小的长方体用于模拟地面，将本物体分别赋予地板、地砖、地毯材质，并使用贴图坐标调整至真实状态。

2. 使用VR标准材质模拟物体反射、凹凸、透明属性。

3. 根据文中步骤及视频，制作家居空间材质部分。

第 5 章

家居空间光环境制作

扫码观看
本章核心内容

章节导读

　　环境的营造，与光的影响是密不可分的。室内设计中模型和材质部分构成了客观存在的载体，而光则决定了传递到人眼中的效果。可以说，光是一种魔术，它可以将同样一种材质的物体赋予不同的光照方向、不同的光色、不同的照度，创建出千变万化的效果来，甚至可以让空间产生表情。

　　本章通过对上一章的场景进行灯光布置、渲染设置、V-Ray调整、渲染出图和后期处理的制作，来融合 3ds Max 灯光原理，并掌握设计过程中光环境的使用技巧。

5.1　3ds Max 灯光基础

5.1.1　光度学灯光参数详解

1.基本灯光种类介绍

　　如图5-1所示，光度学灯光主要根据光源的形状来进行区分。主要光源类型分为Target Point(图5-2中的A，目标点光源)、 Target Linear(图5-2中的B，目标线光源)、Target Area(图5-2中的C，目标面光源)三种。

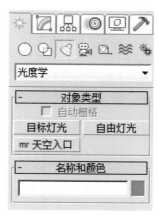

图5-1　光度学灯光菜单

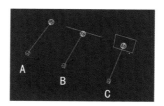

图5-2　光度学灯光种类

2.光度学光源参数

光度学光源与前文介绍的光学内容基本一致，它是一种按照真实光学概念进行设计的光源类型，适合高级渲染器使用，如图5-3所示。其参数除了线光源和面光源自身携带的光源面积调整外，其他参数基本一致，下面以面光源为例来介绍光度学光源的参数。

（1）General Parameters（常规参数）：如图5-4所示，该选项的设置与标准灯光基本一致，在此部分中只需要设置灯光的投影即可。

（2）Intensity/Color/Distribution（强度/颜色/衰减）：如图5-5所示，在

此部分，可以将选定的灯光进行颜色、强度以及光的衰减等物理学单位的设置。

（3）Distribution（光的分布）：该选项决定了光的分布形式，点击下拉菜单可以看到其中有一项叫做Web的参数，该选项即是光域网选项。激活该选项后可以在下方的Web Parameters（图5-6）选项中指定一个光域网文件，渲染结果如图5-7所示。

（4）Color（颜色）：该选项可以通过色温或者过滤色进行颜色设置，通常不

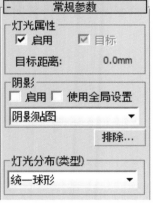

图5-3　光度学光源参数

图5-4　常规参数　　　　　图5-5　强度/颜色/衰减参数

图5-6　光域网参数

图5-7　光域网渲染结果

做过多修改。

（5）Intensity（强度）：此部分可以按照光强、光通量等单位进行光的强度设置，但并没有固定参数范围可以参考，主要根据渲染结果进行观察对比。

5.1.2　渲染插件V-Ray

V-Ray 是 3ds Max 的超级渲染器，是专业渲染引擎公司Chaosgroup和Asgvis公司设计完成的拥有Raytracing（光线跟踪）和Global Illumination（全局照明）的渲染器。

相对于传统的Lightscape渲染来说，V-Ray与 3ds Max 有良好的兼容性，不但可以使用 3ds Max 的默认材质，而且对模型的要求比Lightscape低很多，同时，其渲染结果比 3ds Max 好得多，因

此V-Ray成为了室内设计专业中主流的渲染插件。下面对V-Ray的主要参数进行介绍。

1. 激活渲染器

如图5-8所示，正确地安装了V-Ray渲染器后，在渲染菜单的 Assign Renderer菜单中Production的右侧对话框中激活渲染器集合，在右侧的菜单中选择V-Ray Adv 版本即可激活V-Ray渲染器。点击上方的Renderer标签，可以激活V-Ray的渲染设置。V-Ray的渲染菜单如图5-9所示，由若干卷展项构成。下面根据室内效果图表现的需要，对主要卷展项进行介绍。

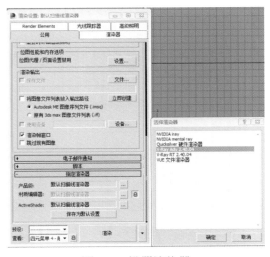

图5-8　设置渲染器

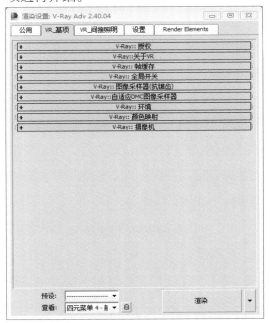

图5-9　渲染菜单参数

光域网文件是光源亮度分布的三维表现形式，扩展名为IES。这种文件通常可以从灯光的制造厂商那里获得，通过三维软件通常可以读入该种灯光，形成真实的光效。

2. Global switches（全局开关）

如图5-10所示，该选项是控制渲染场景中各种效果的开关集合，常用参数包括以下几种。

（1）Displacement（置换开关）：决定是否产生置换效果的勾选项。

（2）Default lights（默认灯光）：决定是否使用 3ds Max 中的场景默认灯光，实际操作中，通常关闭此项。

（3）Reflection/Refraction（反射、折射）：决定是否渲染场景中的反射和折射效果。

（4）Override Mtl（替代材质）：勾选此项后，可以点击后面的对话框指定一种材质，来替代整个场景的材质。通常在开始渲染测试的时候使用，可以节省大量测试渲染的时间。

（5）Don't render final image（不渲染最终图像）：勾选此项，即只渲染光照贴图、灯光缓存等计算过程，不渲染最终图像。通常在保存光子贴图和灯光缓存的过程中使用。

3. Image sampler/Antialiasing（图像采样、抗锯齿）

该选项是图像采样器和抗锯齿过滤器的集合，具体参数如下。

（1）图像采样器。如图5-11所示，常用的采样器包括Fixed rate、Adaptive DMC sampler（two level）和Adaptive subdivision sampler三种。

①Fixed rate（固定比例采样器）。这是最简单的采样方法。它对每个像素采用固定数量的样本，它的参数Subdivs代表调节每个像素的采样数。

② Adaptive DMC sampler(two-level)（自适应DMC采样器）。这是一种简单的较高级的采样器。这个采样器能根据每个像素和它相邻像素的亮度差异产生不同数量的样本，图像中的像素首先采样较少的采样数目，然后对某些像素进行高级采样以提高图像质量。这个修改器适合用于具有大量微小细节的场景，如拥有毛发、模糊效果的场景。

a.Min subdivs（最小细分）：定义每个像素使用的样本的最小数量。

b.Max subdivs（最大细分）：定义每个像素使用的样本的最大数量。

③ Adaptive subdivision sampler（自适应细分采样器）。这是一种在每个像素内使用少于一个采样数的高级采样器。是V-Ray中最实用的采样器。在没有太多细节的场景中，相对于其他采样器，它能够以较少的采样（花费较少的

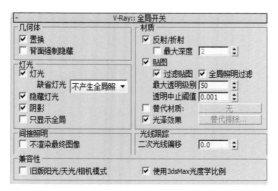

图5-10　全局开关参数

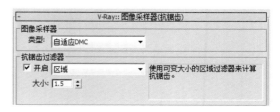

图5-11　图像采样、抗锯齿参数

时间）来获得相同的图像质量。但是，在具有大量细节或者模糊特效的情形下会比其他两个采样器更慢，图像效果也更差。其基本参数如图5-12所示。

a. Min rate（最小比率）。它用于定义每个像素使用的样本的最小数量。数值为0意味着一个像素使用1个样本，为-1意味着每2个像素使用1个样本，为-2则意味着每4个像素使用1个样本，依此类推。

b. Max rate（最大比率）。它用于定义每个像素使用的样本的最大数量。数值为0意味着一个像素使用1个样本， 为1意味着每个像素使用4个样本， 为2则意味着每个像素使用8个样本，依此类推。

c. Threshold（颜色阈值）：它代表极限值，用于确定采样器在像素亮度改变方面的灵敏性。较低的值会产生较好的效果，但会花费较长的渲染时间。

d. Rand（边缘）：略微转移样本的位置以便在垂直线或水平线条附近得到更好的效果。

e. Object outline（物体轮廓）：勾选后使得采样器强制在物体的边进行超级采样而不管它是否需要进行超级采样。需要注意的是，这个选项在使用景深或运动模糊的时候会失效。

f. Normals（法线）：勾选后将使超级采样沿法线急剧变化。同样，在使用景深或运动模糊的时候会失效。

（2）抗锯齿过滤器。如图5-11所示，

V-Ray常用的抗锯齿过滤器有以下几种。

①None：关闭抗锯齿过滤器（常用于测试渲染）。

②Mitchell-Netravali：可得到较平滑的边缘（常用的过滤器）。

③Catmull Rom：可得到非常锐利的边缘，类似锐化的效果。

4. **Indirect illumination(GI)（间接照明、全局照明）**

它是渲染菜单中最重要的选项。在该选项中可以激活光能传递的功能，并设置其基本参数，其参数如图5-13所示。

（1）On（开启）：勾选此项激活场景的间接照明。

（2）Primary bounces（初次漫射反弹选项组）：可以在后方的下拉菜单中选择一种引擎。本选项常用的引擎是Irradiance map（发光贴图）。

（3）Secondary bounces（二次漫射反弹选项组）：可以在后方的下拉菜单中选择一种引擎。本选项常用的引擎是Light cache（穷尽计算）。

（4）Irradiance map（发光贴图）：这个引擎是基于发光缓存技术之上的。其基本思路是仅计算场景中某些特定点的间接照明，然后对剩余的点进行插值计算。这种引擎的优点在于计算大量平坦区域的

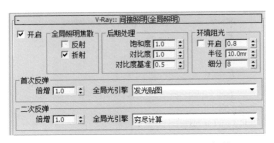

图5-13　间接照明、全局照明参数

图5-12　自适应DMC采样器参数

速度较快，同时发光贴图的计算结果可以被保存及调用，极大地节省了渲染的时间，因此较适合室内设计表现。其具体参数如图5-14所示。

a. Current presets（当前预设）：如图5-15所示，本选项设置了8种发光贴图的预设模式，如无特殊需要可以使用固定模版进行渲染等级的设定，如预览渲染效果可以采用Very low（非常低）方式，最终渲染时可以采用High（高）方式，需根据自身习惯更改则采用Custom（自定义）方式。

b. Min rate（最小比率）：这个参数确定 GI 首次传递的分辨率。数值为0意味着使用与最终渲染图像相同的分辨率，这将使得发光贴图类似于直接计算 GI 的方法，为-1意味着使用最终渲染图像一半的分辨率。在操作中，通常需要设置它为负值，以便快速地计算大而平坦的区域的 GI。

c.Max rate（最大比率）：这个参数

确定 GI 传递的最终分辨率，类似于自适应细分图像采样器的最大比率参数。

d. HSph.Subdivs（半球细分）：这个参数决定单独的 GI 样本的品质。较小的取值可以获得较快的速度，但是也可能会产生黑斑，较高的取值则可以得到平滑的图像。它类似于直接计算的细分参数。

e. Interp.samples（差值的样本）：定义被用于插值计算的 GI 样本的数量。较大的取值会趋向于模糊 GI 的细节，即使最终的效果很光滑。较小的取值会产生更光滑的细节，但是也可能会产生黑斑。

f. Show calc.phase（显示计算相位）：勾选后，在计算发光贴图的时候将显示发光贴图的传递。同时会减慢渲染计算，特别是在渲染大的图像的时候。

g. Show samples（显示样本）：勾选的时候，VR 将在 VFB 窗口以小原点的形态直观地显示发光贴图中使用的样本情况。

h. Mode（发光贴图模式）：如图5-16所示，在这个选项中可以选择发光贴

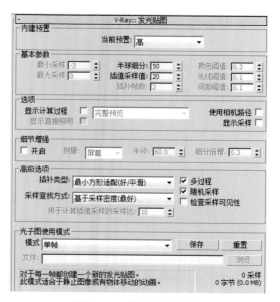

图5-14　发光贴图参数

图5-15　渲染质量

图5-16　光子读取模式

图的调用模式，如果需要读取设置好的发光贴图文件，则选择Form File（从文件）模式，则在接下来的渲染中都用这个发光贴图。整个渲染过程中不会计算新的发光贴图。

i. Auto save（自动保存发光贴图）：勾选这个选项，在后面的Browse（浏览）选项中指定路径，则会在渲染结束后自动保存发光贴图文件至指定路径。

（5）Light cache（灯光缓存引擎）：它是一种近似于场景中全局照明的技术，通常用于二次弹射的渲染引擎，其参数如图5-17所示。

a. Subdivs（细分）：用于确定有多少条来自摄影机的路径被追踪。需要注意的是实际路径的数量是这个参数的平方值，在初次渲染中可以将这个数值设置得较低，而最终渲染中可以将其提高至1000～2000。

b. Sample size（样本尺寸）：它能决定灯光贴图中样本的大小状态，较小的数值会保持锐化状态，但会产生黑斑。

c. Show calc.phase（显示计算状态）：打开这个选项可以显示被追踪的路径。它对灯光贴图的计算结果没有影响，只是用于给用户一个比较直观的视觉反馈。

d. Mode（渲染模式）：与Irradiance map（发光贴图）相同，可以利用From File（从文件）选项读取渲染过的Light cache（光线追踪）文件。

e. Auto save（自动保存）：与Irradiance map（发光贴图）相同，可以保存Light cache（光线追踪）文件。

5. Environment（环境）

（1）全局照明环境：勾选此项可以用间接照明模拟自然光的效果，可以改变自然光的颜色及强度，如图5-18所示。

（2）反射/折射环境覆盖：在计算反射、折射的时候替代 3ds Max 自身的环境设置。可以进行贴图设置，如图5-18所示。

6. Color mapping（色彩贴图）

用于改变物体曝光状态的选项组，常用的类型如图5-19所示；主要曝光方式参数如图5-20所示。

（1）Linear multiply（线性倍增）：这种模式将基于最终图像色彩的亮度来进行简单的倍增，是一种色彩较饱和的曝光方式，但缺点是靠近光源的地方会曝光过度。

（2）Exponential（指数）：这个模式将基于亮度使之更饱和。这种模式相对于Linear multiply而言，能有效避免曝光过度的状态，但画面饱和度不足。

（3）HSV exponential（HSV指数）：

图5-17　灯光缓存引擎参数

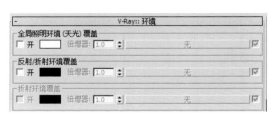

图5-18　环境参数

与上面提到的指数模式非常相似，但是它会保护色彩的色调和饱和度。

（4）Dark multiplier（暗倍增）：控制暗部的色彩的强度。

（5）Bright multiplier（亮部倍增）：控制亮部的色彩的强度。

（6）Rwinhard（莱因哈特）：介于线性倍增和HSV指数之间的一种曝光方式。

5.1.3　V-Ray灯光

V-Ray除了可以使用 3ds Max 的默认灯光以外，还可以使用自身携带的光源，激活灯光列表的下拉菜单，如图5-21所示，切换至VRay选项，可以看到几种V-Ray的灯光，下面主要对这两种灯光进行介绍。

1. V-Ray Light（V-Ray灯光）

V-Ray的标准灯光，是一种面光源。通过拖曳鼠标即可创建出光源，如图5-22及图5-23所示，它的具体参数如下。

（1）Color（V-Ray灯光颜色）：通过此项可以改变V-Ray灯光的光色。

（2）Multiplier（V-Ray灯光倍增器）：V-ray灯光的强度选项。

（3）Size（V-Ray灯光尺寸）：通过此项可以改变V-Ray灯光的面积。

（4）Double-sided（双面）：通过改变此项可以使V-Ray灯光双面发光。

（5）Invisible（不可见）：V-Ray灯光默认状态是可以看到发光面的，通常勾选此项，可使V-Ray灯光的光源不可见。

（6）Skylight portal（天光入口）：勾选此项则该灯光不再受V-Ray灯光面板控制，而是作为一个天光进入的洞口，从而受到渲染面板上的GI Environment (skylight) override（GI 环境（天空光）选项组）控制。

2. VRaySun（V-Ray阳光）

如图5-24所示，V-Ray除了默认的面光源之外还添加了一个阳光系统，它的具体参数如下。

（1）Turbidity（混浊度）：数值越大则空气模拟的混浊色调越暖。

（2）Ozone（臭氧）：模拟臭氧的空气状态，越大光线越暗。

（3）Intensity multiplier（强度倍增）：控制V-Ray阳光强度的选项，如使用 3ds Max 默认的照相机时，应将参数调整为0.002～0.005。

（4）Size multiplier（尺寸倍增）：值越大阴影越模糊，这里可以控制阳光阴影模糊程度。

（5）Shadow subdivs（阴影细分）：控制阴影细腻程度。

图5-19　曝光方式

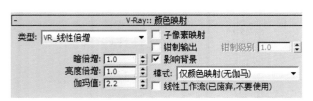

图5-20　曝光方式参数

图5-21　V-Ray灯光类型

图5-22　V-Ray灯光参数1　　　图5-23　V-Ray灯光参数2　　　图5-24　V-Ray阳光参数

5.2　家居空间光环境制作实战

通过本案例可以了解到室内效果图的灯光分为四类：天光、太阳光、室内灯光、装饰灯光。渲染的步骤可分为测试渲染（保证渲染速度）与出图设置（保证图面精细程度）两个部分。

5.2.1　测试渲染环境的渲染设置

1. 指定渲染器

如图5-25所示，指定渲染器为V-Ray。

2. 颜色映射

如图5-26所示，暂时将颜色映射类型改为莱因哈特。

3. 打开间接照明

如图5-27所示，在这里修改首次反弹为发光贴图、二次反弹为灯光缓存。

如图5-28所示，测试渲染将当前预置

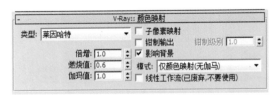

图5-26　颜色映射

渲染设置
操作视频

图5-25　指定渲染器

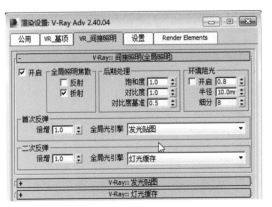

图5-27　VR间接照明

修改为非常低，勾选使用相机路径。如图5-29所示，测试渲染将细分改为100（100左右均可），勾选显示计算状态。

5.2.2　设置自然光

1. 创建VR太阳

如图5-30所示，在顶视图中利用创建面板中灯光选项的VRay进行VR太阳的创建，并在顶视图和透视图中将VR太阳移动到图5-30所示位置。

2. 调整参数

如图5-31所示，选择光源点，在修改面板中进行调节，去除遮挡物体。选择外景贴图查看名称，在修改面板VR太阳中找到遮挡物进行排除。

3. 设置替代材质

如图5-32所示，进入渲染设置，选择替代材质，打开材质球，找到未使用的

材质球，赋予VR标准材质，以实例方式将其拖曳到替代材质上，将其颜色调整为图5-32所示颜色。

5.2.3　设置天光

1.创建发光面

如图5-33所示，在创建面板的灯光的VRay选项中选择VR光源，在前视图中创建一个与窗口大小相同的发光面，并调节发光面的强度、光色参数，勾选不可见选项，并去除影响反射的勾选。

2.修改发光面位置及颜色

如图5-34所示，使用镜像命令对其进行翻转，随后修改光源颜色。

100

图5-29　修改细分参数

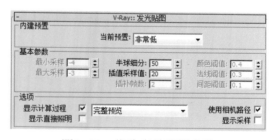

图5-28　修改当前预置参数

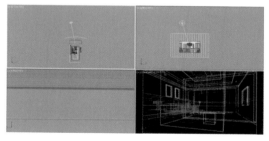

图5-30　创建VR太阳

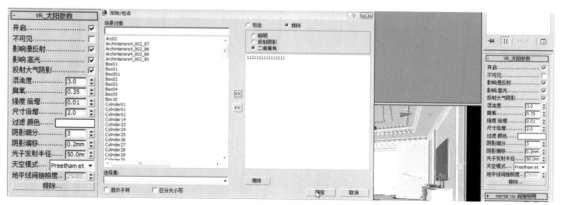

图5-31　调整参数

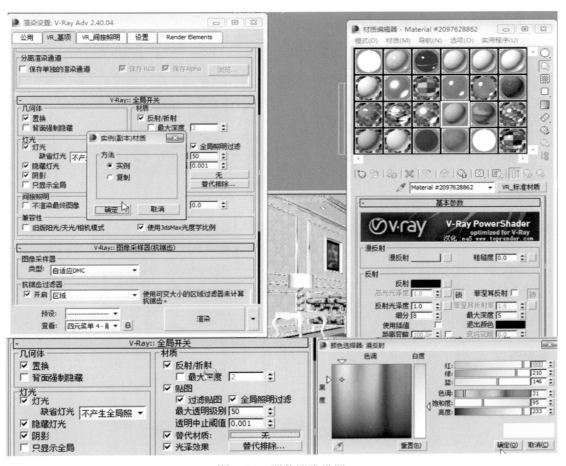

图5-32　调整渲染设置

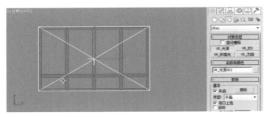

图5-33　创建发光面

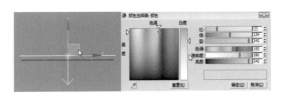

图5-34　修改发光面位置及颜色

3. 复制及修改光源强度及大小

如图5-35所示，光源强度及大小逐渐减弱。

4. 效果图

渲染透视图，渲染结果如图5-36所示。

5.2.4　设置人工光

1. 创建光度学光源

如图5-37所示，创建光度学灯光，

并调整相关参数。

2. 添加光域网文件

如图5-38所示，将光度学Web设置为附带文件中的经典筒灯。

3. 修改光强与色温

如图5-39所示，修改过滤颜色。

4. 修改光源位置

在前视图中将光移动到如图5-40所

101

设置人工光
操作视频

图5-35　设置天光位置　　　　　　　　　图5-36　完成效果

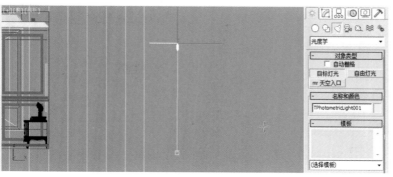

图5-37　创建光域网

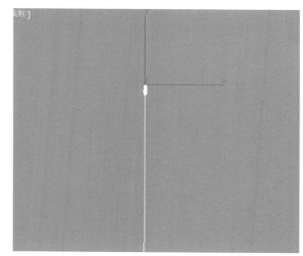

图5-38　添加光域网文件

图5-39　修改光强与色温

示位置，注意不要被物体遮挡。

如图5-41所示，在顶视图中以实例方式等距复制光源，对产生光的位置进行复制，并调整灯光效果，如图5-42所示。

5.2.5　灯光及材质的二次调整

1. 取消替代材质

由于有材质和无材质的渲染效果不一样，所以首先将替代材质取消，重新渲染。点击快捷键【F10】打开渲染设置，在全局开关中将替代材质去除勾选，如图5-43所示。

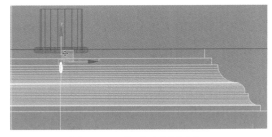

图5-40　修改光源位置

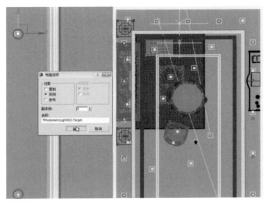

图5-41　复制与移动

2. 二次调整灯光

通过上述的渲染结果，对发现的问题一一进行修改。

（1）调节空间整体亮度。先打开渲染设置更改线性倍增参数，调整暗倍增和亮度倍增，如图5-44所示。再调整VR间接照明参数，将首次反弹和二次反弹倍增

灯光及材质
的二次调整
操作视频

图5-42　完成效果

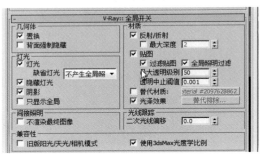

图5-43　全局设置

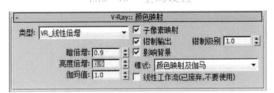

图5-44　调整颜色映射类型

将替代材质去掉勾选后颜色更丰富。每种颜色的反射率不一样，越接近白色反射率越高，越偏黑色反射率越低，同时光色会产生相互影响。

在测试渲染时可以将反射/折射的勾选去掉，这样能提高渲染速度。

调低，如图5-45所示。

（2）如图5-46所示，在窗口光相反位置摄影机外端补一个光，让暗面的层次增加。

（3）如图5-47所示，根据场景亮度，调节窗口的天光亮度。

（4）灯光的调整。由于冷光的增强，灯光的暖光效果不是很好，所以对灯光进行一些调整，将灯光颜色改为偏红的颜色，强度增强，如图5-48所示。

（5）由于顶部暗藏灯光过亮，需将灯光的强度降低，如图5-49所示。

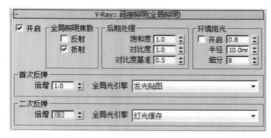

图5-45　调整间接照明

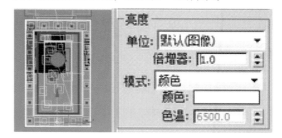

图5-46　补光

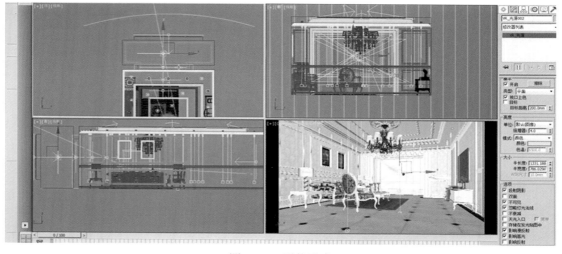

图5-47　调整天光

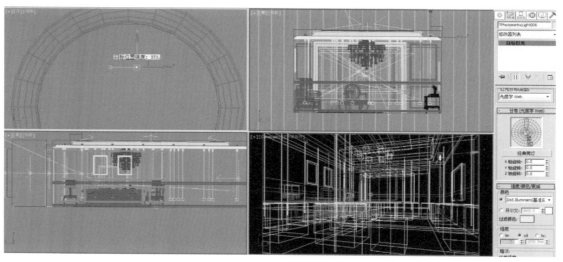

图5-48　调整灯光

（6）包裹材质。在本案例中黄色对整体空间的影响较大，其中地面和壁纸为主要影响源，利用VR材质包裹器对地面和壁纸进行包裹，并降低全局照明参数，如图5-50所示。

5.2.6　贴图调整

根据渲染结果，对材质不满意的部分进行出图后最终的调整。

1. 修改沙发颜色

选中沙发材质的材质球，将颜色改为如图5-51所示的颜色。

2. 修改书籍颜色

如图5-52所示，红色书籍颜色过于跳跃，选择深灰色替代红色。

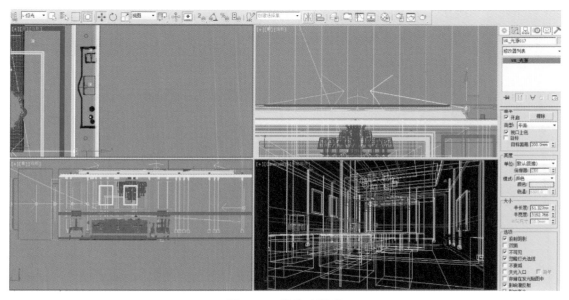

图5-49　调整暗藏光

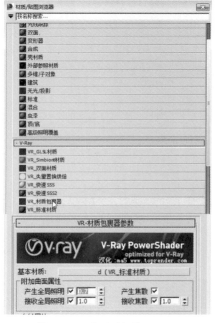

图5-50　包裹材质

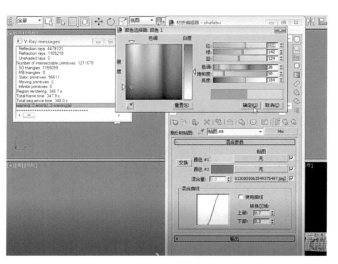

图5-51　修改沙发颜色

3.调整地面贴图深度

如图5-53所示，找到地面材质球将细分调为16，将反射光泽度调为0.9。再勾选输出中的启用颜色贴图，通过调整曲线改变贴图亮度。

5.2.7　渲染出图

1.调整渲染尺寸

如图5-54所示，在公用选项中调整渲染尺寸为宽度1800、高度1080，渲染输出，点击文件然后选择保存类型为JPEG格式，命名文件为家装渲染。

渲染出图
操作视频

2.调整V-Ray渲染参数

如图5-55和图5-56所示，在VR基项里关闭启用内置帧缓存器，选择抗锯齿过滤器为Catmull-Rom（使得图像锐化），在VR间接照明选项下将发光贴图选项预置调成中，将灯光缓存细分设为1000；并在Render Elements选项里添加VR渲染ID、VR线框颜色两个渲染通道。

3.保存备份文件与输出

保存备份文件，渲染输出。

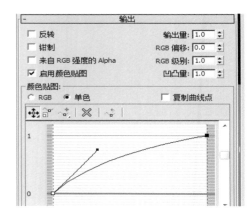

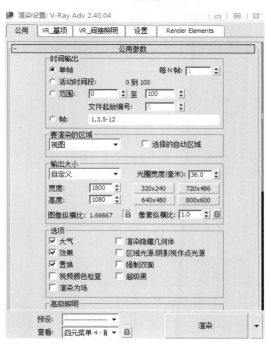

图5-53　调整输出贴图

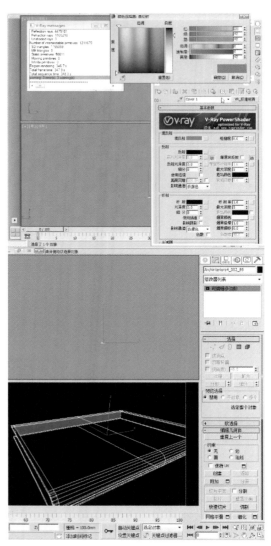

图5-52　修改红色书籍颜色

图5-54　调整图像尺寸

5.2.8　后期处理

（1）如图5-57所示，使用Photo-shop软件打开文件

（2）如图5-58所示，使用移动工具，按住【Alt+Shift】键进行拖曳，拼合并对齐图层。

（3）如图5-59所示，复制原背景图

后期处理
操作视频

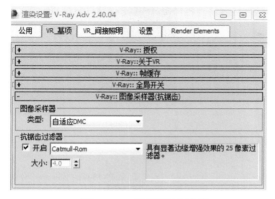

图5-55　抗锯齿过滤器

图5-56　渲染设置

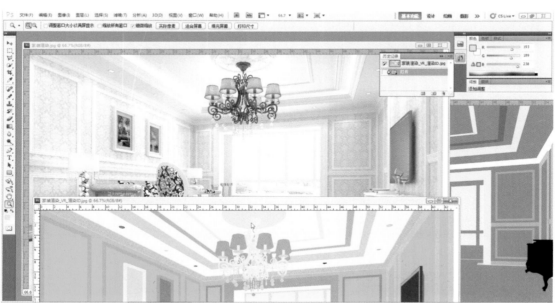

图5-57　打开渲染文件

复制原始背景是为了制作出一个不锁定图层的背景，这样既可以自由修改又不损害原始图层备份。

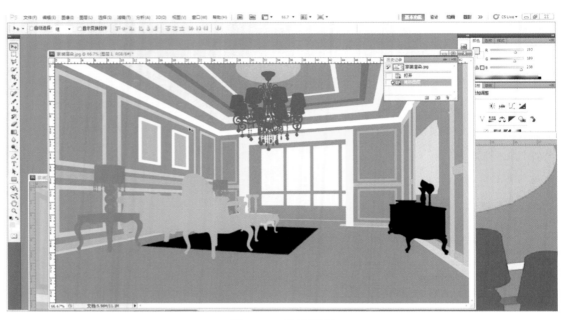

图5-58 对齐图层

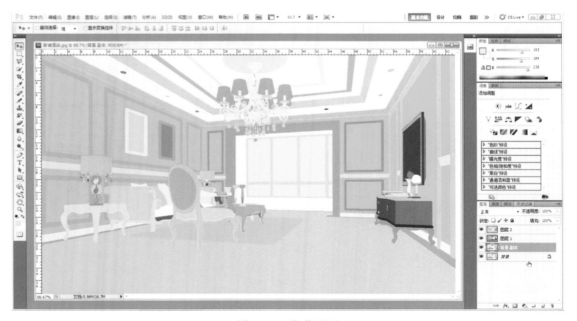

图5-59 隐藏图层

层，并关闭无关图层的显示按钮。

（4）如图5-60所示，使用快捷键【Ctrl+M】激活曲线，调整图面整体明度。

（5）如图5-61所示，使用快捷键【Ctrl+L】激活色阶工具，调整图面整体对比度。

（6）如图5-62所示，使用快捷键【Ctrl+U】激活色彩饱和度工具，调整图面整体纯度。

（7）如图5-63所示，使用快捷键【Ctrl+B】激活色彩平衡工具，调整图面整体色调。

（8）如图5-64所示，利用魔棒功

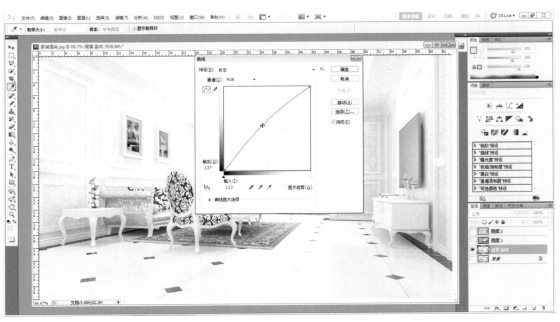

图5-60　调整明度

图5-61　调整对比度

能选取图层创建选区，并按照以下步骤进行窗口背景的局部调整。

① 利用魔棒选取图层。

② 清除背景。

③ 复制新的窗景图片，利用现有选区，使用快捷键【Ctrl+Alt+Shift+V】粘贴入窗口。

④ 利用亮度饱和度调节工具进行外景亮度提升，并减弱对比关系。

（9）如图5-65所示，添加USM锐化滤镜增加图面清晰度，并储存图像，完成最后一步的处理。

图5-62　调整纯度

图5-63　调整色调

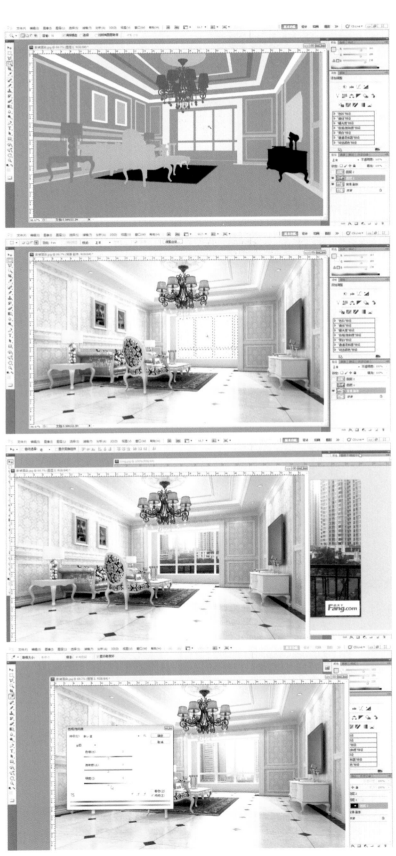

图5-64　合成外景

图5-65　完成效果图

本 / 章 / 小 / 结

　　本章主要分为两个部分，第一部分是对V-Ray灯光及渲染参数的讲解，第二部分是根据上两个章节的场景进行灯光布置。通过第二部分的练习，分析了不同种类的灯光在设计中的作用，并通过软件功能模拟出来，最后通过Photoshop软件进行后期处理，完成了整个家居空间的临摹练习。

思考与练习

1. 天光、人工光、阳光的区别有哪些?

2. V-Ray渲染的最终出图参数应该如何设置?

3. 简述渲染通道在后期处理中的作用。

4. 完成本章介绍的实例。

第 6 章

商业空间案例

扫码观看
本章核心内容

章节
导读 | 在上一章的家居空间案例的练习中，为了配合基础知识，采用了建模、材质、渲染分离的方式进行制作，但实际工作过程中，这三个部分是彼此融合的，例如标准的建模方式应该是建模 — 赋予材质 — 指定贴图坐标。因此，本章选用一个复古乡村风格餐厅的练习来熟悉这一过程。以下是本案例的操作过程，请大家配合教学视频进行学习。

6.1 导入CAD参考平面

1.初步准备

（1）单位设置。如图6-1所示，将单位都设置为毫米。

（2）导入模型。如图6-2所示，打开图书素材第六章中的CAD文件，选择文件名为参考平面的文件，导入整理好的CAD平面布置图。

2.导入

（1）如图6-3所示，将导入的CAD文件成组，以便管理。

导入平面
操作视频

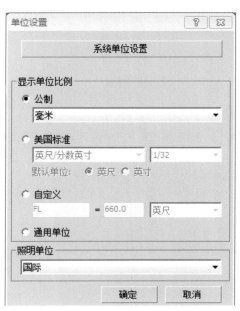

图6-1　单位设置

制作墙体
操作视频

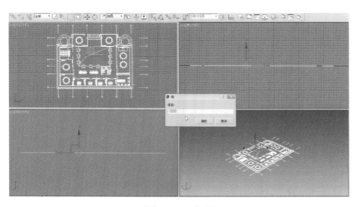

图6-2　导入模型

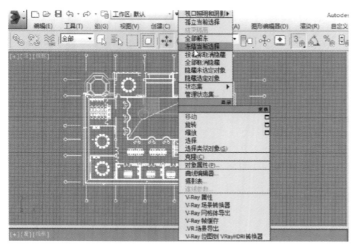

图6-3　成组

图6-4　冻结当前选择

（2）如图6-4所示，冻结当前选择的CAD文件，避免干扰操作。

6.2　制作墙体

1. 建模前期整理

（1）如图6-5所示，设置捕捉点为顶点及中点，并在选项中将启用轴约束和捕捉到冻结对象勾选。

（2）如图6-6所示，通过捕捉的方式绘制出二维线。

2. 挤出

（1）如图6-7所示，挤出高度为2800 mm。

（2）如图6-7所示，连接线并且修改位置。

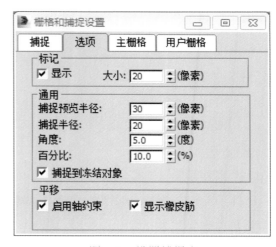

图6-5　设置捕捉点

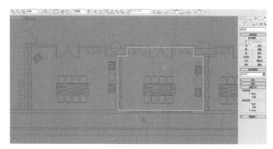

图6-6　绘制二维线

通常用于建模参考的CAD文件比较复杂，因此在导入3ds Max之前应对参考文件进行精简，从而节省系统资源。

（3）如图6-7所示，制作坡屋顶。移动线距离为4000 mm。

3.翻转房屋

（1）如图6-8所示，转换为可编辑多边形，选择整个模型并使用元素级别里的翻转命令。

（2）如图6-8所示，点击鼠标右键，选择对象，显示属性处勾选背面消隐选项。

4.赋予材质

如图6-9所示，修改渲染器并赋予VR标准材质，调整漫反射颜色。

5.创建窗户

（1）如图6-10所示，创建上下窗

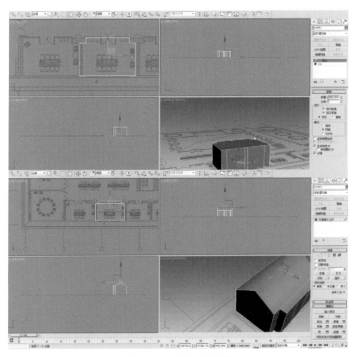

图6-7　制作坡屋顶

图6-8　翻转房屋

线并定好窗台及过梁位置。上反和下反各400 mm。

（2）如图6-10所示，利用连线、挤出、插入等命令创建落地窗，并删除窗玻璃。

（3）如图6-11所示，赋予窗框材质，调整漫反射和反射，并去除勾选菜

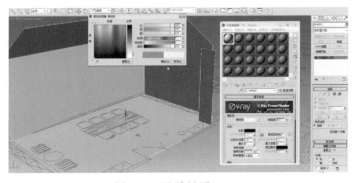

图6-9　赋予材质

单中的跟踪反射选项。

6. 创建门

如图6-12所示，创建门的步骤与窗户相同。

7. 创建门、窗框线

如图6-13所示，沿着窗口绘制窗框线路径，并指定窗框线宽度为80 mm，挤出门框线220 mm。对齐到相应位置。用同样的方法制作门框线。

8. 创建窗台板

（1）创建切角长方体。如图6-14所

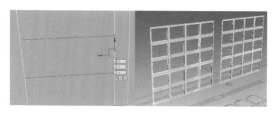

图6-10　创建窗户

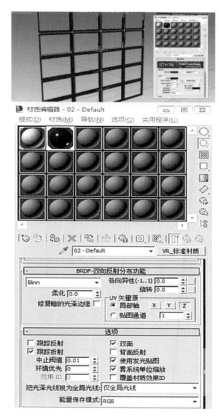

图6-11　调节窗户材质

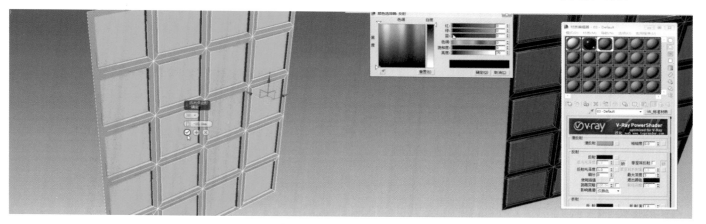

图6-12　创建门并赋予材质

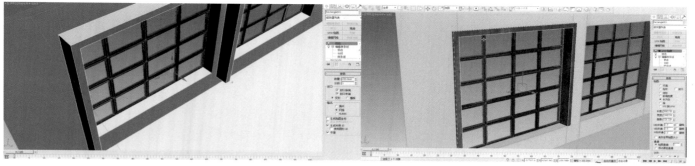

图6-13　创建窗框线

示，在顶视图中创建切角长方体并调整其大小和位置。

（2）赋予材质和贴图。

6.3　制作顶棚

1. 创建木梁

（1）如图6-15所示，开启捕捉命令创建长方体，并按图中所示数值设置尺寸。

（2）通过对齐、捕捉命令，调整到

相应位置。

（3）赋予木质材质和贴图。

2. 创建坡屋顶木梁

（1）如图6-16所示，创建二维线，使用轮廓命令设置木梁宽度为100 mm。

（2）挤出木梁厚度为100 mm。

（3）赋予贴图。

（4）使用移动工具配合捕捉命令，将木梁调整到对应位置。

3. 创建支撑梁

重复上述步骤，创建出中间的支撑

制作顶棚
操作视频

图6-14　创建窗台板

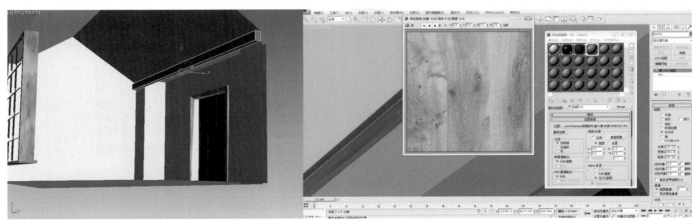

图6-15　创建木梁

图6-16　创建坡屋顶木梁

图6-17　创建支撑梁

完善顶棚
操作视频

梁并成组，如图6-17所示。

4. 复制梁结构

如图6-18所示，以1000 mm左右的间距复制上述梁。

5. 创建摄影机

（1）如图6-19（a）所示，在顶视图中创建一个摄影机。

（2）如图6-19（b）所示，调整摄影机的位置。

6. 调整图纸

如图6-20所示，根据空间的形态在渲染设置中调整图纸比例，使用快捷键【Shift+F】开启渲染安全框。

6.4　完善顶棚

1. 绘制顶棚

（1）如图6-21所示，捕捉绘制顶棚二维线。

图6-18　复制梁结构

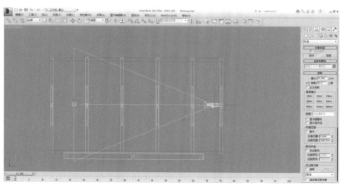

（a）

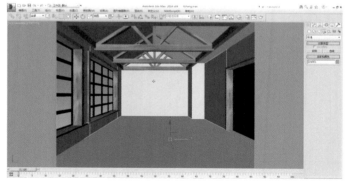

（b）

图6-19　创建摄影机

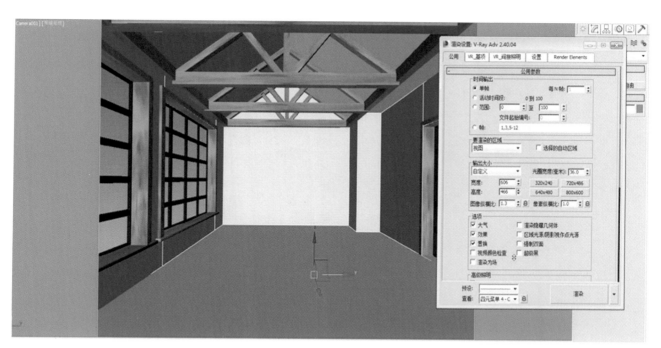

图6-20 调整图纸比例

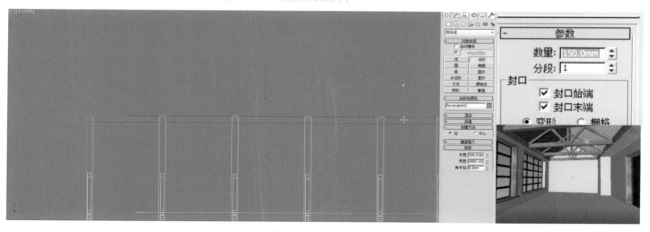

图6-21 绘制顶棚

（2）如图6-21所示，挤出顶棚的厚度170 mm。

（3）如图6-21所示，调整相应位置，对齐至顶棚。

（4）如图6-21所示，赋予白墙材质。

2. 修改坡屋顶材质

（1）分离。如图6-22所示，将坡屋顶的两个面分离。

（2）赋予顶棚木条材质。如图6-23所示，赋予VR标准材质，在漫反射中选择位图。并在UVW贴图里对贴图进行修改。

3. 创建筒灯

（1）如图6-24所示，创建一个圆柱体作为灯筒模型。

（2）如图6-24所示，创建一个圆环作为灯杯模型。

（3）如图6-25（a）所示，赋予灯

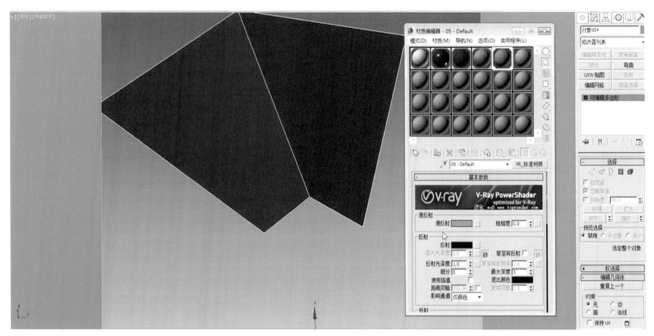

图6-22 分离坡屋顶

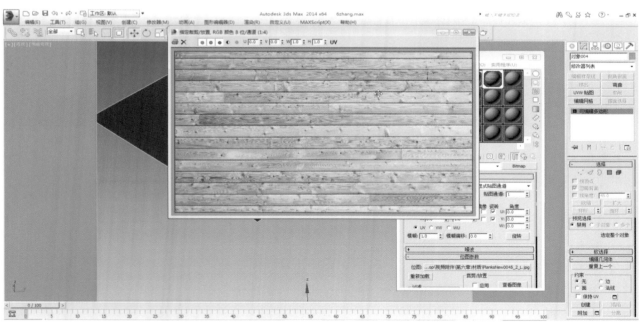

图6-23 赋予材质和贴图

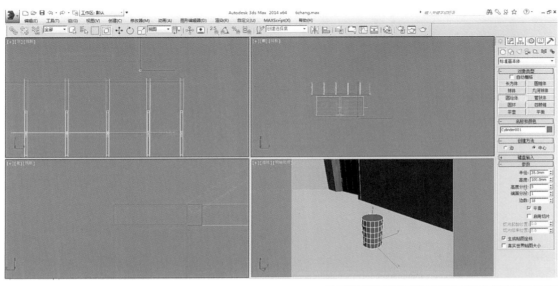

图6-24 创建灯杯和灯筒

杯（圆环）材质。

（4）如图6-25（b）、图6-25（c）和图6-25（d）所示，赋予灯筒（圆柱体）材质。

（5）如图6-26所示，复制后将复制结果移动到相应位置。

4.绘制踢脚

（1）如图6-27所示，创建二维线，在编辑样条线里选择轮廓命令，设置厚度为10 mm。

（2）如图6-27所示，挤出高度为80 mm。

（3）如图6-28所示，赋予材质。

6.5 创建书架

1.制作书架

如图6-29所示，在左视图中创建一

创建书架
操作视频

因为是一个不连续的整体，我们在创建下一根线的时候通常去掉创建新图形，这样能够保证画出的线是一个整体。

124

（a）

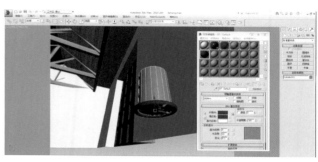

（b）

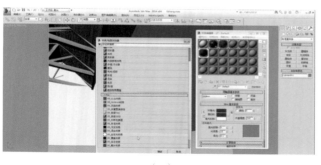

（c）

（d）

图6-25　调整材质

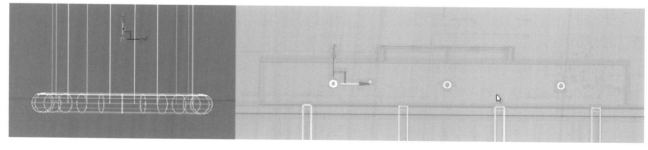

图6-26　复制移动到相应位置

图6-27 制作踢脚

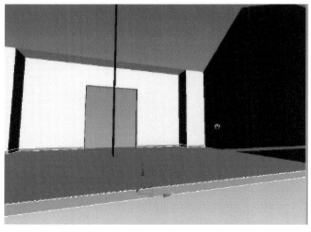

图6-28 赋予材质

图6-29 制作书架

个长方体，使用对齐命令和捕捉命令将其对齐。

2. 赋予材质

如图6-30所示，转化为VR标准材质后选择贴图并使用UVW贴图命令调整参数。

3. 制作横隔板

（1）如图6-31所示，在模型如图位置进行实例复制，在顶视图如图位置绘制横隔板，赋予其相应贴图并调整UVW参数。

（2）复制模型。如图6-32所示，

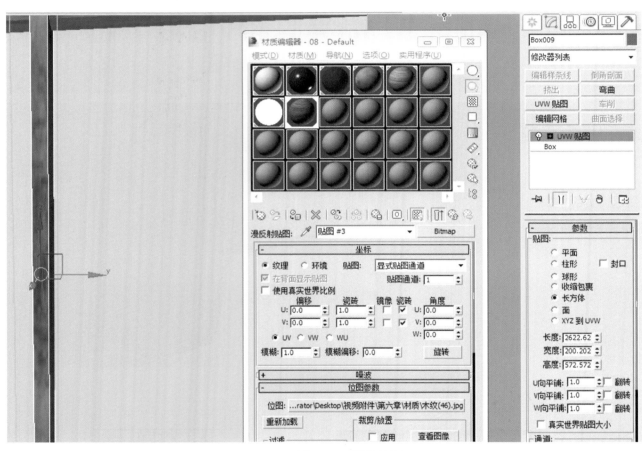

图6-30　赋予材质

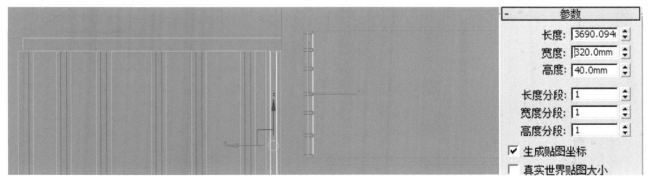

图6-31　制作模型

图6-32 复制模型

将横隔板复制到相应位置并使用对齐命令将其对齐。

4. 制作地坪漆材质

如图6-33所示，点击修改面板中的面级别，选择地面，使用分离命令将其分离，打开材质编辑器，将材质转化为

VR标准材质后，选择相应贴图赋予其材质及UVW贴图，调整参数。

5. 完成书架制作

如图6-34所示，通过材质编辑器将墙体赋予砖墙贴图，房屋书架制作完成。

6.6 导入模型

导入模型操作视频

1. 模型导入

（1）如图6-35所示，将图书素材中的模型进行解压缩，并将解压缩后的3ds Max 模型文件拖动至之前制作的场景中，点击合并文件。

（2）如图6-36和图6-37所示，对导入模型进行成组并使用对齐工具将模

图6-33 制作地面材质

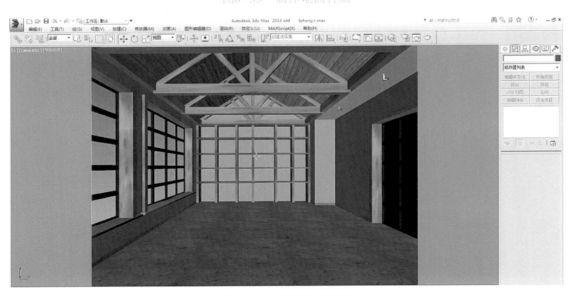

图6-34 书架完成效果

图6-35　导入模型

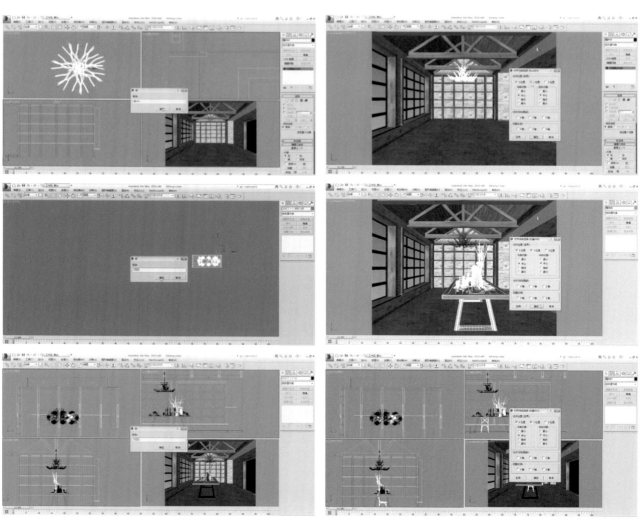

图6-36　成组　　　　　　　　　　　　　　　　　　　　图6-37　对齐

双击打开压缩包，点击高级选项，使用不解压路径选项，能够保证模型材质在同一个文件夹中，从而不丢失导入模型的材质。

型拖入室内。

2. 调整模型位置

（1）如图6-38所示，通过对齐命令将各个模型摆放到对应位置并用缩放工具将模型调整到最佳大小。

（2）为了避免鹿角灯及花枝重叠，在全部模型导入后可将视图翻转检查一圈。如图6-38所示即为导入模型后的效果图。

图6-38　调整模型位置

6.7　设置天光

1.绘制外景贴图

（1）如图6-39所示，隐藏其他物体，找到窗口所在位置，画一条超过窗户长度的弧线并挤出，挤出数量为5000mm,进行背面消隐并翻转，对其赋予一张外景贴图并利用UVW更改贴图方向。

（2）将其他物体取消隐藏，根据室内空间调整外景贴图位置并设置为发光材质，使用渲染设置调整细节。

2.制作灯光

（1）如图6-40所示，切换至VR灯光下的VR太阳，从窗外向窗内进行阳光的指定，并调整VR太阳的位置及高度。

（2）修改强度倍增为0.02，尺度倍增为3.0，阳光颜色调整得稍微暖一点，如图6-41所示。

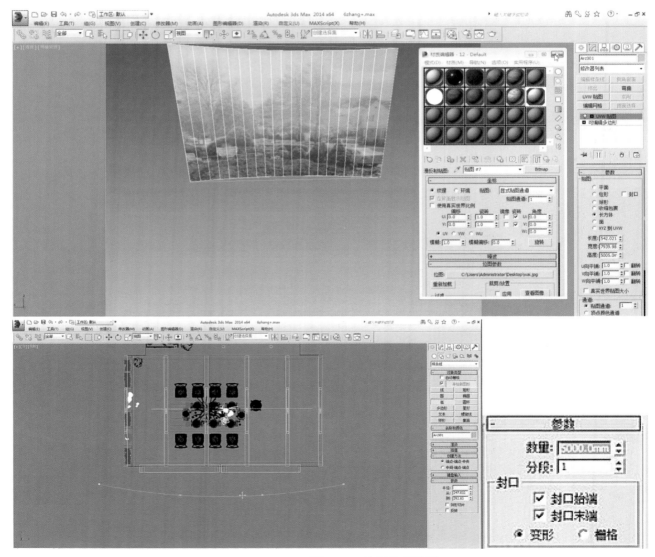

图6-39　绘制外景贴图

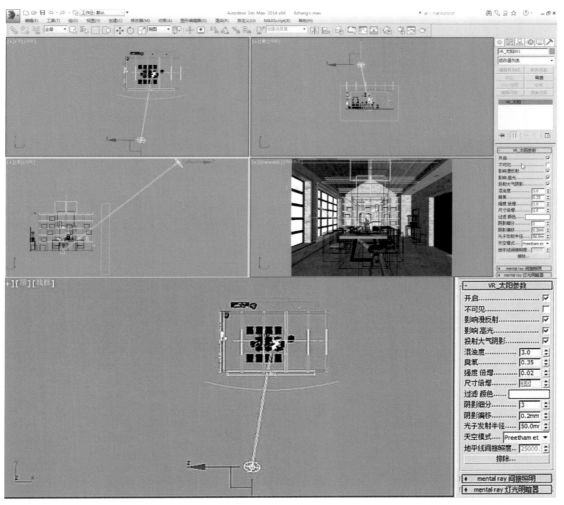

阳光位置的调节
应考虑阴影因素，
丰富的阴影效果
会极大提高效果
图的表现力。

图6-40 制作灯光

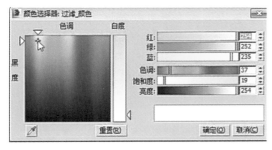

图6-41 过滤色

3. 进行测试渲染

（1）保存并进行测试渲染。

（2）如图6-42（a）和图6-42（b）所示，为了更清晰地看出渲染的材质可使用替代材质，找到全局开关勾选替代材质，将替代材质拖曳至材质球上，进行实例复制，调整材质球，将漫反射颜色调节至浅灰色。

4. 再次进行调整

如图6-43所示，调整VR太阳高度及入射角并再次渲染，查看光影效果。

5.添加天光

（1）如图6-44所示，在窗户位置创建一个VR光源并移动到外景贴图内侧、窗户外侧，将倍增器数值改为5.0。

（2）如图6-45所示，调整颜色为淡蓝色。勾选不可见，去除影响反射勾选。

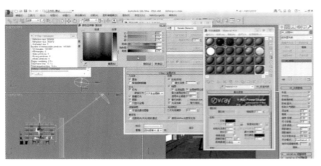

（a）

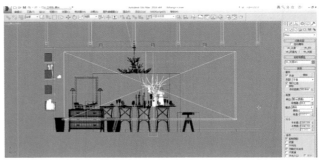

（b）

图6-42 进行渲染测试

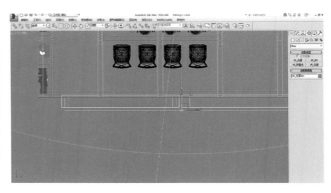

图6-43 再次进行调整

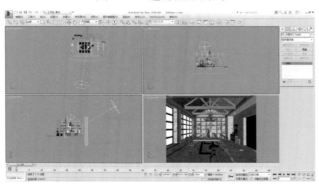

图6-44 添加天光

设置灯光
操作视频

图6-45 调整光源

（3）如图6-46所示，方向指向房间内侧复制天光，并依次减小天光的长、宽及倍增器数值。

6. 再次渲染

如图6-47所示，再次渲染场景并根据渲染结果调整颜色。

6.8 设置灯光

1. 筒灯摆放

（1）如图6-48所示，确定需要设置灯光的位置。

（2）如图6-48所示，将筒灯嵌入棚顶木梁调整为合适大小，复制多个并摆放到合适位置。

2. 创建灯光

（1）如图6-49所示，点击创建灯

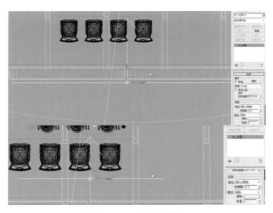

图6-46　复制天光

图6-47　再次渲染并调整颜色

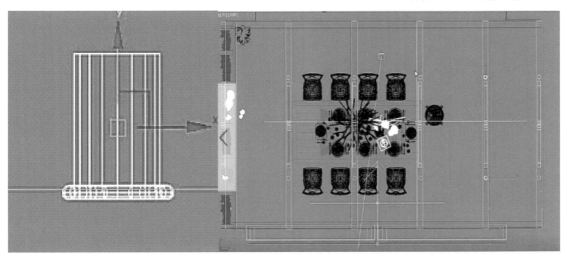

图6-48　筒灯摆放

光面板，打开光度学下的目标灯光。

（2）如图6-50所示，开启投影，使用VRayShadow，点击灯光分布里的光度学Web，打开光度学文件下的经典筒灯。调整灯光颜色为暖色调。

（3）如图6-51所示，将制作好的灯光移动到对应的筒灯下方并切换成灯光方式，以实例方式向左复制多个。

（4）如图6-52所示，将靠近书架的目标灯光倾斜一定角度并以实例方式复制多个。

3. 测试打光效果

如图6-53所示，对所打灯光进行渲染，并根据渲染结果总结问题。

4. 调整灯光位置

如图6-54所示，移动灯光到合适位置，适当增加灯光数量及强度。

6.9　调整贴图

1. 调整地面贴图
如图6-55所示，对地面贴图进行调整。

2. 调整墙面贴图
如图6-56所示，添加凹凸贴图。

3. 调整场景中的木质贴图
如图6-57所示，给场景中的木质贴

调整贴图
操作视频

134

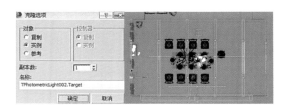

图6-51　复制筒灯灯光

图6-49　创建灯光

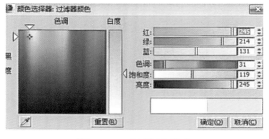

图6-50　过滤器颜色

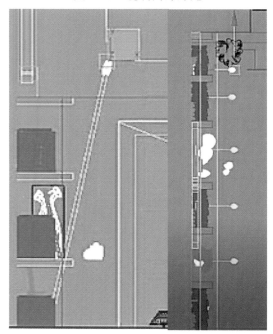

图6-52　复制目标灯光

图6-53　渲染并总结问题

图6-54 调整灯光位置

图6-55 调整地面贴图

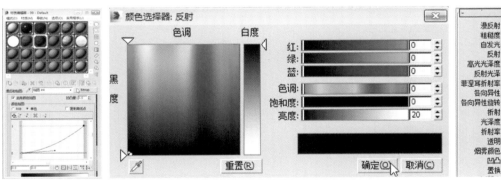

图6-56 调整墙面贴图

图添加VR材质包裹器，并保存为子材质，参数调整参照图片。

4.调整灯光参数

如图6-58所示，调整室内人工光颜色和天光倍增器参数，调整结果参照图片。

5.调整玻璃贴图

如图6-59所示，调整贴图参数，各

项参数参照图片。

6. 调整桌腿贴图

如图6-60所示，调整漫反射颜色，参数参照图片。

7. 测试渲染

测试渲染最终结果如图6-61所示。

6.10 渲染输出

（1）出图设置如图6-62所示，调整相应参数及输出路径。

（2）如图6-62所示，取消启用内置帧缓存的勾选，将抗锯齿过滤器设置为Catmull-Rom。

（3）如图6-63所示，设置发光贴图当前预置为中，将灯光缓存细分提高至1000。

（4）如图6-64所示，点击添加，添加VR渲染ID、VR线框颜色两个通道，设置完毕后点击渲染即可。

（5）经过渲染，得到如图6-65所示效果图。

6.11 后 期 处 理

1. 导入Photoshop软件进行调整

如图6-66所示，将渲染后的图片导入Photoshop软件，并复制出新的背景图层。

2. 调整图像色彩

如图6-67和图6-68所示，使用曲线命令、色阶命令、色彩平衡命令和色相/饱

图6-57　调整场景中的木质贴图

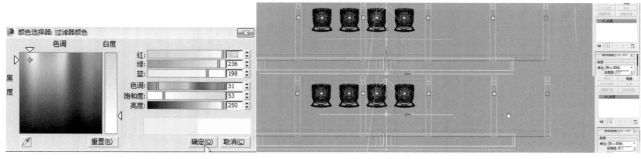

图6-58　调整灯光参数

136

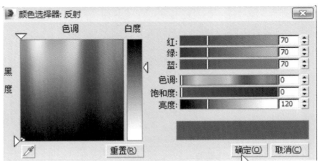
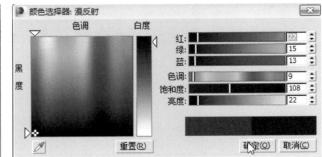
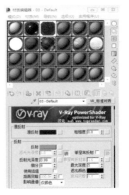
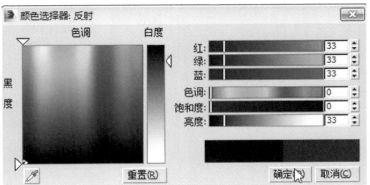
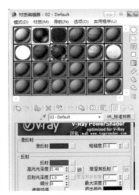

图6-59　调整玻璃贴图

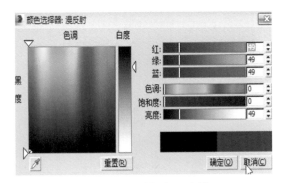

图6-60　调整桌腿贴图

图6-61　调整结果

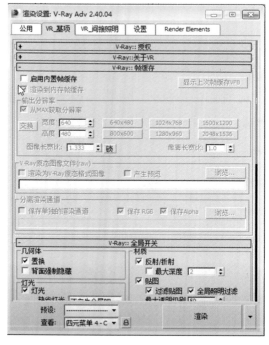
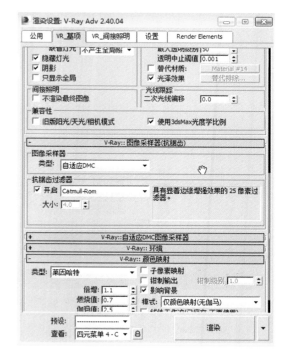

图6-62　出图设置

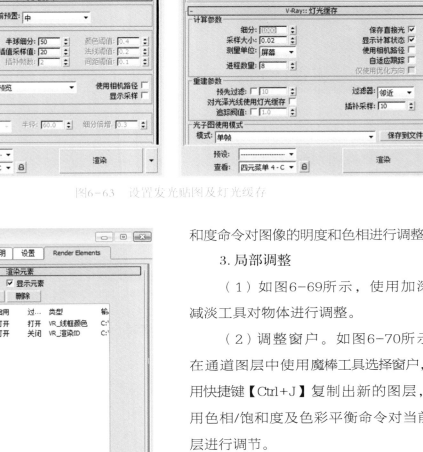

图6-63　设置发光贴图及灯光缓存

曲线快捷键为
【Ctrl+M】；色
阶命令快捷键为
【Ctrl+L】；色
彩平衡命令快捷
键 为 【 Ctrl+
B】；色相/饱和
度命令快捷键为
【Ctrl+U】。

图6-64　设置Render Elements

和度命令对图像的明度和色相进行调整。

3.局部调整

（1）如图6-69所示，使用加深和减淡工具对物体进行调整。

（2）调整窗户。如图6-70所示，在通道图层中使用魔棒工具选择窗户，使用快捷键【Ctrl+J】复制出新的图层，使用色相/饱和度及色彩平衡命令对当前图层进行调节。

（3）锐化处理。如图6-71所示，选择背景副本图层进行USM锐化处理。

（4）添加雾化效果。如图6-72所示，创建新图层，使用选框工具进行绘制，使用羽化工具使边缘模糊，填充白

140

图6-66　导入Photoshop软件进行调整

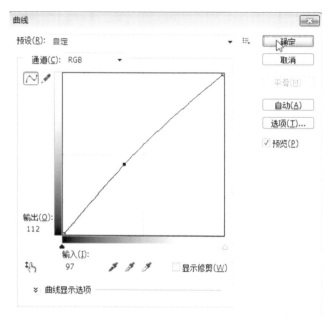

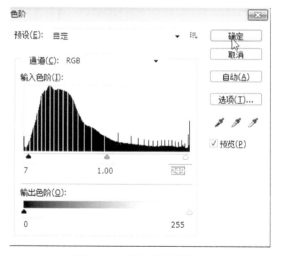

图6-65　渲染输出结果

图6-67　调整图像明度

色，使用滤色及不透明度对填充的颜色进
行调整。

4. 合并图层

合并图层后如图6-73所示，储存为

JPEG格式文件。

5. 最终完成效果图

最终完成效果图如图6-74所示。

合并图层快捷键
为 【 Ctrl+Shift
+Alt+E 】。

141

图6-68　调整图像色彩

图6-69　局部调整

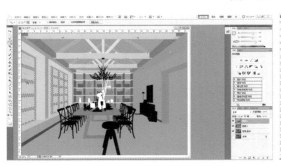

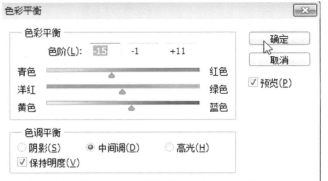

图6-70　调整窗户

图6-71　锐化处理

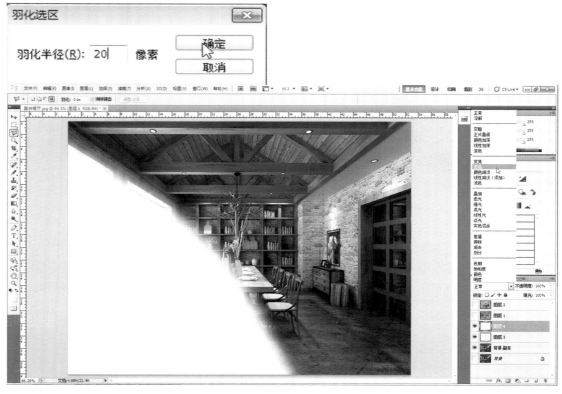

图6-72　添加雾化效果

图6-73　合并图层

图6-74　最终效果

本/章/小/结

　　本章通过制作一个复古乡村风格的餐厅案例，讲解模型、材质、灯光、后期处理的综合应用。希望大家通过本章的学习，能够运用CAD模型参考建模。掌握建模和贴图的结合方式、复古风格材质的模拟方式、天光材质的模拟方法、渲染的设置及后期处理的技巧。

思考与练习

1.复古乡村风格的特点是什么？

2.配合教学视频完成上述效果图制作的练习。